国家林业和草原局普通高等教育"十四五"规划教材

产品设计基础

李 博 主编

 中国林业出版社
China Forestry Publishing House

内 容 简 介

本书为国家林业和草原局普通高等教育"十四五"规划教材。全书共 8 章，系统介绍了工业设计的基础理论知识、设计程序方法和产品设计要素，涵盖了从产品设计初步分析到功能、形态、CMF(色彩、材料、表面处理工艺)、结构、文化、伦理等多个方面的内容。本书设计理论与教学实践并重，图文结合，案例丰富，每章节均设置了内容简介、教学目标和作业，可以由浅入深地培养和训练学生的思考能力、创新能力与实践能力。

本书可作为高等院校工业设计、产品设计以及其他设计类专业教材，也可作为成人教育、研究生教学的参考用书，还可供设计爱好者和从业人员自学参考。

图书在版编目(CIP)数据

产品设计基础 / 李博主编. —北京：中国林业出版社，2023.11
ISBN 978-7-5219-2436-7

Ⅰ.①产… Ⅱ.①李… Ⅲ.①产品设计 Ⅳ.①TB472

中国国家版本馆 CIP 数据核字(2023)第 217392 号

责任编辑：丰 帆
责任校对：苏 梅
封面设计：时代澄宇

出版发行：中国林业出版社
　　　　　(100009，北京市西城区刘海胡同 7 号，电话 83223120)
电子邮箱：cfphzbs@163.com
网址：http://www.forestry.gov.cn/lycb.html
印刷：北京中科印刷有限公司
版次：2023 年 10 月第 1 版
印次：2023 年 10 月第 1 次印刷
开本：787mm×1092mm　1/16
印张：11.5
字数：273 千字
定价：49.00 元

编写人员名单

主　　编：李　博（东北林业大学）

编写人员：（按姓氏拼音排序）

　　　　　郭秀丽（大连大学）

　　　　　阚凤岩（东北石油大学）

　　　　　李　博（东北林业大学）

　　　　　刘九庆（东北林业大学）

　　　　　杨洪泽（东北林业大学）

　　　　　朱宏轩（青岛理工大学）

前　言

在人类社会的发展历程中，工业设计始终扮演着举足轻重的角色。从满足基本需求，到追求生活质量，再到寻求独特的情感体验，工业设计在不断推动人类文明的进步。党的二十大报告中指出，要坚持以推动高质量发展为主题，加快建设现代化经济体系，着力提高全要素生产率，着力提升产业链供应链韧性和安全水平。工业设计通过前端设计方案，将科技、人才、市场、资本、生产这些创新要素整合转化为产品和服务，并对全产业链和全生命周期进行带动和整合。工业设计不仅是制造业的核心，也是创新和竞争优势的关键。国家投入大量资金在产品的自主创新与开发研究上，越来越多的中国制造企业意识到，中国设计的未来建立在更好地理解中国人民生活与行为的基础上，设计和开发出满足他们需要和期待的产品。

现代工业产品的门类很多，产品的复杂程度也相差很大，随着工业加工能力的深入和系统控制能力的提高，工业设计的理念已经从产品性能研发、外观设计延伸到市场推广的全过程。每一个产品设计过程都是一个解决问题的过程，也是一个创新的过程，涉及机械工程、材料学、心理学、社会学、美学、商学、伦理学等多学科知识交叉融合。这种变革给刚刚接触工业设计、产品设计专业的学生提出了新的挑战，作为产品设计领域的初学者，需要对产品设计的思想、理论、观念和方法等诸方面有更为全面地了解和学习。

作为工业设计和产品设计专业的基础教材，本书系统地介绍了工业设计的基础理论知识、设计程序方法和产品设计要素，旨在通过系统的理论知识和实践指导，帮助学生掌握产品设计的核心技能。本书分为8个章节。第1章绪论部分，首先概述了工业设计的整体概念，然后详细解读了工业设计中的核心——产品设计，以及产品设计师所应承担的职业责任和社会责任。第2~8章，以循序渐进的方式，分别探讨了产品设计的初步分析、功能、形态、CMF、结构、文化和伦理等多个方面。本书希望提供一个全面的产品设计视角，引领读者深入理解产品设计的多个方面，不仅提供实用的设计工具和技巧，而且能激发读者不断学习、不断实践、不断探索、提升自己的设计能力和创新思维，追求卓越的设计。

最后，感谢所有参与本书编写工作人员，是他们的辛勤付出，才使得这本书得以完成。本书由东北林业大学李博主编，编写第1、3、5章，杨洪泽编写第 4、8 章，刘九庆编写第 2 章，青岛理工大学朱宏轩编写第 6 章第 1 节、第 2 节，东北石油大学阚凤岩编写第 7 章，大连大学郭秀丽编写第 6 章第 3 节、第 4 节。东北林业大学工业设计学科王诗雨、虞佳静、谷佳凝等同学为本书的部分图表进行了编绘，在此一并表示衷心的感谢。由于作者的水平有限，本书难免存在缺点和不足，衷心期待读者批评指正。

李　博

2023 年 2 月

目　录

1　绪　论

📙 **内容简介**

　　本章概述了工业设计的基本定义与历史演变过程，简述了产品设计的范围和一般设计程序，并分别指出了设计师承担的职业责任和社会责任。

📙 **教学目标**

　　本章要求学生能够了解工业设计的历史、发展等基本情况，初步理解工业设计的基础知识和设计程序，初步掌握运用工业设计领域的基本方法分析问题的能力，并能够理解工业设计师在设计实践中应遵守的职业道德和规范，履行社会责任。

1.1　概　述

　　工业设计旨在引导创新，促进商业成功及提供更高质量的生活，是一种将策略性解决问题的过程应用于产品、系统、服务及体验的设计活动。它是一种跨学科的专业，将创新、技术、商业、研究及消费者紧紧联系在一起，共同进行创造性活动。它针对需要解决的问题，提出解决方案，进行可视化，重新解构问题，并将其作为建立更好的产品、系统、服务、体验或商业网络的机会，提供新的价值以及竞争优势。工业设计是通过其输出物对社会、经济、环境及伦理方面问题的回应，旨在创造一个更好的世界。

——国际工业设计协会联合会（ICSID）2015 年 10 月 17 日于韩国光州

1.1.1　工业设计基本概念

　　工业设计是由英文"industrial design"翻译而来，由美国艺术家约瑟夫·西奈尔（Joseph Sinell，1903—1972）首次提出，是国际公认的学术用语，如今"工业设计"已成为国际通用语，至今仍然是现代设计的主体。工业设计涉及的内容和范围越来越广泛，包括整个人类的需求和欲望。

　　"工业设计"在很多国家与"产品设计"是同义词。但是，在互联网时代，特别是移动互联网时代，企业服务于大众的内容和方式都发生了巨大的变化。企业服务于大众的不仅仅是物质的产品，也包括全方位、全流程、全接触点的服务和用户体验，设计理念早已超越了工业的范畴，"工业设计"一词正被更广泛的"设计"一词所替代。为适应工业设计的发展和变化，国际工业设计协会联合会（ICSID）于2015年10月在韩国光州举行的第29届年度代表大会上正式更名为国际设计组织（World Design Organization，WDO），并发布了关于设计的最新定义：设计是一种战略性地解决问题的方法与程序，它能够应用于产品、系统、服务和体验，从而实现创新、商业成功和品质提升。如苹果、华为、小米、联想等一批国内外知名企业以硬件、软件加服务的设计战略代表了当前设计行业的发展方向，也证明了"以产品为中心"的企业创新模式正在向"以创造设计生态为中心"转型。

工业设计是指以工业产品为对象的创意设计，它有别于手工业产品或工艺美术品的设计。也可以说，工业设计是将工业化（industrialization）赋予可能的、综合而有建设性的设计活动，突出的问题是工业化的问题。在"设计"前加上"工业"这个词，就意味着设计与工业有关，工业是其最本质、最直接的对象。在讨论工业设计时，首先要展开对工业化的研究，在计划将某一对象物转变为工业化产品时，要考虑该产品将给人类社会、人们的生活结构和文化价值观念带来怎样的变化。反之，工业化进程本身又有可能促使社会结构发生变化，人们的生活水平得到提高以及随之而来的按照工业化的原则扩大市场销售、原有传统产业和产品的改造、新产品开发和近代工业经营等问题。

如果一定要将工业设计与工程技术设计做甄别，那工业设计与工程技术设计最大区别在于工业设计包含着美的因素，工业设计的工作项目多是以机械、电子、信息等技术为手段的造型活动。尽管工业设计是一种包含感知体验，甚至是以视觉感知体验为核心的造型活动，但也不能单纯地将工业设计理解为只是产品的美观设计。工业设计是一个解决问题的过程，一方面要满足消费者的消费需求，另一方面是满足企业的经济需求。在解决问题的过程中，要求对生产、人体科学、社会科学以及设计方法论等都有一定的研究。在进行工业产品设计时，要考虑到产品对人类生活的存在价值、产品与社会环境的关系、设计的产品对人的动作行为是否合理而有效率以及生产技术的可能性、经济的合理性，同时要求产品在形式与功能上均能符合各种要求，既能满足使用者生理上、心理上的要求，又能合理地进行生产，以客观分析的结果为依据来进行设计工作，这样才能提高产品开发的成功率和市场占有率。著名工业设计师乔治·尼尔森（George Nelson，1908—1986）在《设计的问题》一书中曾预示，虽然工业设计在短时间内被普遍认为是具有实用性价值的服务性行业，但为了持续地为社会整体做出更深远且具体的贡献，它本身仍处于自我实现的转化历程之中。美国当代设计家亨利·德雷夫斯（Henry Dreyfess，1903—1972）曾说过："要是产品阻滞了人的活动，设计便告失败；要是产品使人感到更安全、更舒适、更有效、更快乐，设计便成功了。"有人认为，科学家能发明技术，制造商能造出产品，工程师能使产品具有功能，商人能销售商品，但是只有设计师才能洞察并组合所有方面，并将概念转变成想要的、可行的和商业上成功的产品，以提高人们的生活质量和生活价值。其实，产品不只是功能信息的载体，同时也是消费者显示自我的符号，设计所提供的不只是产品，更是一个具有虚拟经验或虚拟程序的服务。消费者凭借直觉对产品的实用功能、美学功能、符号功能等进行综合性的模糊评估，并把评估结果作为选择产品的标准。因此，选择产品也成了消费者的一种创造性行为。

因为工业产品设计是现代化批量生产，是以机械技术为手段的造型活动，是以生活用品、公共性商业与服务业用品、工业及机械设备用品和交通运输工具等为主要对象的设计，所以，选择工业化的目的一定是作为提高人类的社会服务手段，是人造物的目的性所在。当然，以工业化为目的的产品设计理论或思考过程也在不断地丰富，即使是相同的产品也是如此，这种思考的过程是在产品制作前就确定的，美学特征也预先在设计中确定了。工业化批量生产的对象物（产品）一定会给人类生活方式带来影响和变化，形成与现代化相适应的价值系统。如计算机的使用普及缩短了人与人之间的距离，使人感到时间的宝贵。这是"物"的现代化对人的生活方式的反馈。加之工业化的批量产品的出现，将更有利于产业的不断改革，有助于生产能力和销售能力的提高，有助于市场规模的扩大和经营业绩的提升。因此可以说，工业设计的产生原因是现代技术，存在条件是现代社会，服务对象是现代的人，工业设计与现代技术、现代社会和现代人类存在着不可分割的密切关系。

1.1.2 工业设计若干定义

"工业设计"一词是工业化发展的产物。随着世界工业突飞猛进，社会、经济、科学技术不断发展，它的内容也在不断地更新和充实，其领域不断扩大。广义的工业设计是指为了达到某一特定目的，从构思到建立一个切实可行的实施方案，并且用明确的手段将其表示出来的系列行为。它也包含了"一切使用现代化手段进行生产和服务的设计过程"。狭义的工业设计是指工业产品设计，工业产品设计仍旧是工业设计的核心之一。工业产品设计是指针对与人的衣、食、住、行、用相关的产品的功能、材料、构造、工艺、形态、色彩、表面处理、装饰等各种因素，从社会、经济、技术的角度进行的综合设计。

世界各国对工业设计的理解不尽相同，以下为具有较强代表性或流传较为广泛、认可度较高的几个定义。

（1）国际工业设计协会联合会（International Council of Societies of Industrial Design, IC-SID）的定义

成立于1957年的国际工业设计协会联合会曾多次给工业设计下过定义，其在1980年举行的第11次年会上公布的工业设计的定义："就批量生产的产品而言，凭借训练、技术知识、经验及视觉感受而赋予材料、结构、形态、色彩、表面加工以及装饰以新的品质和规格，叫作工业设计。"该定义在世界各国均流传较为广泛。根据当时的具体情况，工业设计师应在上述工业产品的全部方面或其中几个方面进行工作，而且，当需要工业设计师对包装、宣传、展示、市场开发等问题的解决付出自己的技术知识和经验以及视觉评价能力时，也属于工业设计的范畴。

2006年ICSID再次修订的工业设计定义如下：

目的：工业设计是一种创造性的活动，其目的是为物品、过程、服务以及它们在整个生命周期中构成的系统建立起多方面的品质。因此，设计既是创新技术人性化的重要因素，也是经济文化交流的关键因素。

任务：工业设计致力于发现和评估下列项目在结构、组织、功能、表现和经济上的关系：

> ——增强全球可持续发展和环境保护(全球道德规范);
>
> ——给全人类、个人和集体带来利益和自由;
>
> ——兼顾最终用户、制造者和市场经营(社会道德规范);
>
> ——在世界全球化的背景下支持文化的多样性(文化道德规范);
>
> ——赋予产品、服务和系统以表现性的形式(语义学)并与它们的内涵相协调(美学)。

设计关注于由工业化(而不只是由几种工艺)所衍生的工具、组织和逻辑创造出来的产品、服务和系统。限定设计形容词"工业的(industrial)"必然与"工业(industry)"一词有关,也与它在生产部门所具有的含义,或者其古老的含义"勤奋工作(industrious activity)"相关。也就是说,设计是一种包含了广泛专业的活动,产品、服务、平面、室内和建筑都在其中。

(2)国际设计组织(World Design Organization,WDO)的定义

国际工业设计协会联合会(ICSID)于2015年10月17日在韩国光州召开的第29届年度代表大会上,将沿用近60年的"国际工业设计协会联合会"正式更名为"国际设计组织"。会上再一次宣布了工业设计的最新定义:

工业设计旨在引导创新,促进商业成功及提供更高质量的生活,是一种将策略性解决问题的过程应用于产品、系统、服务及体验的设计活动。它是一种跨学科的专业,将创新、技术、商业、研究及消费者紧紧联系在一起,共同进行创造性活动。它针对需要解决的问题,提出解决方案,进行可视化,重新解构问题,并将其作为建立更好的产品、系统、服务、体验或商业网络的机会,提供新的价值以及竞争优势。工业设计是通过其输出物对社会、经济、环境及伦理方面问题的回应,旨在创造一个更好的世界。

(3)美国工业设计师协会(Industrial Designers Society of America,IDSA)的定义

工业设计是创建和发展概念及规格的专业服务,以便优化产品的功能、价值、外观以及系统,而使用户和制造商共同受益。

通过收集、分析和综合由客户或制造商提出的特殊需求产生的数据,工业设计师发展这些概念和规格。训练有素的设计师能使用图样、模型和口头描述来准备好清晰和简洁的建议。这经常是由与开发团体的其他成员有合作或工作关系的团体内部来提供工业设计服务的。典型的团队包括管理、市场、工程和制造专家。工业设计师表达的概念要能体现出团队确定的所有与使用相关的设计准则。

工业设计师的独特贡献是把重点放在最直接与人的特性、需求和兴趣相关的产品或系统上。这就需要设计师心系用户,具有对视觉、触觉、安全和方便性、标准等各方面的专门理解,才能做出此贡献。

工业设计师也需要对加工技术过程及需求,市场时机和经济约束,以及分配销售和服务过程保持实时的关注。他们的工作是保证设计建议能使材料和技术有效地应用其中,并遵从所有法律和规则的要求。

除了为产品和系统提供概念设计外,工业设计经常要解决客户用图形表达出的各种问题。这些任务包括产品和机构的识别系统和通信系统的开发,内部空间计划和展示设计,广告设施和包装以及其他相关的服务。通过搜寻客户的专家级经验来帮助建立工业标准,

调整指导方针和质量控制程序,以便改进加工操作和产品。

(4)加拿大魁北克工业设计师协会(The Association of Quebec Industrial Designers)的定义

工业设计包括提出问题和解决问题两个过程。既然设计就是为了给特定的功能寻求最佳形式,这个形式又受功能条件的制约,那么形式和使用功能相互作用的辩证关系就是工业设计。

工业设计并不需要纯粹个人化的艺术作品或者纯艺术家式的天才,也不受时间、空间和人的目的所控制,它只是为了满足包括设计师本人和他们所属社会的人们某种物质上和精神上的需要而进行的人类活动。这种活动是在特定的时间和社会环境中进行的。因此,它必然会受到生存环境内起作用的各种物质力量的冲击,受到各种有形的和无形的影响及压力。工业设计采取的形式将影响到心理和精神、物质和自然环境。

1.1.3 工业设计历史与发展

工业设计发展的历史形象地反映了人类文明的演进,当人类第一次针对某个特定的需求选择适当的材料制造工具、创造器物时,工业设计就开始萌芽了。工业设计也是一门古老而年轻的学科,作为人类设计活动的延续和发展,它有悠久的历史渊源;作为一门独立完整的现代学科,它则经历了长期的酝酿阶段,直到20世纪20年代才开始建立。

人类开始设计活动的历史大体可以划分为3个阶段,即设计萌芽阶段、手工艺设计阶段和工业设计阶段。设计是伴随着劳动产生的,在农业社会初期,人类开始针对自己的需要制造工具,最初的设计几乎就是伴随着祖先们用自制的石器敲击的那一刻形成的,当时工具的制造者几乎就是工具的使用者,每件产品都是特制的,人类的设计概念由此萌发。到了新石器时期,陶器的发明标志着人类开始了通过化学变化改变材料特性的创造性活动,也标志着人类手工艺设计阶段的发端。手工艺制品的交易是随着社会的发展逐渐产生的,为了保证质量,传统工艺以师徒的方式代代传承,手工艺者根据不同用户的需求即时构想制作他们的产品,因此,手工艺设计阶段的产品都具有特制的痕迹。手工艺设计阶段一直延续到工业革命前,在数千年漫长的发展历程中,人类创造了光辉灿烂的手工艺设计文明,各地区、各民族都形成了具有鲜明特色的设计传统。在设计的各个领域,如建筑、金属制品、陶瓷、家具、装饰、交通工具等方面,都留下了无数的杰作,创造了丰富的设计文化。

随着蒸汽机的发明,这一切开始改变,大工业制造的产品开始出现,给人类的日常生活带来了革命性的变化,工业社会经济取代了农业社会经济。人类开始用机械大批量地生产各种产品,设计活动进入了一个崭新的阶段——工业设计阶段。

从18世纪下半叶开始,工业设计的发展主要经历了以下4个时期:

(1)工业设计探索阶段

第一个时期是从18世纪50年代第一次工业革命兴起到20世纪初期,是工业设计的酝酿和探索阶段。在此期间,新旧设计思想开始交锋,设计改革运动使传统的手工艺设计逐步向工业设计过渡,并为现代工业设计的发展探索出道路。工业革命后出现了机器生产、劳动分工和商业的发展,同时也促成了社会和文化的重大变化,这些对于此后的工业设计有着深刻影响。

①第一次工业革命(18世纪60年代至19世纪40年代) 工业革命代表着批量化生产的开始。工业化的典型特征就是专家受工厂主委托设计并提供设计图纸和产品结构工程

图。这些设计图纸和结构工程图，能够被具有一定专业技能或者完全没有专业技能的工厂工人理解，并运用于产品制造中。此外，大批量生产产品的成本远低于手工制作的方式。当生产过程日益复杂、发展越来越受制于产品形式时，被称为"产品设计师"的职业出现了。产品设计师的职责就是给予批量生产的产品以合理的形式。

18 世纪中叶，工业在世界各地取得了突飞猛进的发展，例如 1752 年本杰明·富兰克林（Benjamin Franklin，1706—1790）发现了电，紧接着 1765 年詹姆斯·瓦特（James Watt，1736—1819）改良了蒸汽机。这些伟大的发明极大地提升了工厂半自动化生产的效率，使其达到了前所未有的高度。但是，如果没有诸如珍妮纺纱机与织布机等早期的发明，瓦特的蒸汽机以及其他较为先进的工业机械可能永远也不会出现。工业化的批量生产预示着消费类产品生产与现代化运输系统时代的到来。

在从手工生产到工业化生产的转变过程中，产品规划的职能逐渐从工作链中分离出来。这一点不仅体现在人工方面，而且同样反映在机器生产中。印有产品图片的杂志和样品画册在 18 世纪广为流行，目的是吸引客户眼球、获取生产订单。例如，工厂会生产各式家具，并将家具的实际照片刊登在大幅面的杂志和产品图册上用于销售。工业时代早期最著名的样品图册是来自英国的托马斯·谢拉顿（Thomas Sheraton，1751—1806）以及托马斯·奇彭代尔（Thomas Chippendale，1718—1779），这两个人对欧洲的工业化进程起到了巨大影响。设计不仅对产品的生产起到了积极的推动作用，而且也受到产品销售的肯定。乔赛亚·韦奇伍德在 1769 年成立了自己的陶瓷工厂。陶瓷工厂坐落在英国斯塔福德郡的斯托克市。他的产品不仅服务于当时的王公贵族，而且由于价格相对低廉，同时也满足了广大中产阶级对日用陶瓷的需求。

②第二次工业革命（19 世纪 60 年代至 20 世纪初） 19 世纪中叶，工厂的环境越发恶劣，越来越多的工人每天因饱受工厂剥削而无法休息，最终工人联盟与政党因此而诞生。1867年，卡尔·马克思（Karl Marx，1818—1883）完成了著名的《资本论》（Das Kapital），其中分析了当时最新的工业生产与社会结构。这是一部到目前为止最为重要的社会经济学著作。工业革命带来的、不断发展的机械化生产不仅包含了新的生产方式，而且包括了产品本身。整个19 世纪是工业化的年代，19 世纪中叶美国接替欧洲成了工业发展的先锋。1869 年，联合太平洋铁路连接了美国的东西海岸；1874 年，世界上第一辆有轨电车在纽约闪亮登场；次年，托马斯·爱迪生（Thomas Edison，1847—1931）发明了白炽灯泡以及麦克风。早在 1851 年，艾萨克·梅里特·辛格（Isaac Merrit Singer，1811—1875）就发明了家用除草机，亚历山大·格雷汉姆·贝尔（Alexander Graham Bell，1847—1922）也在 1876 年宾夕法尼亚举办的世界博览会展示了可以正常使用的电话。

与此同时，在欧洲大量具备机械结构的家具相继涌现，例如，1854 年在慕尼黑，米夏埃尔·索耐特（1796—1871）首次尝试用蒸汽弯曲木杆和木条，设计制作了自己的第一把弯曲木质椅，1859 年索耐特的 14 号曲木椅（图 1-1）成为所有弯曲木质椅的样板，以其为原型设计的椅子也被现代化批量生产。时至今天，很多当代设计品牌依然都在沿用 14 号曲木椅的理念，图 1-2 为无印良品在 2007 年邀请英国设计师 James Irvine 重新设计的 Thonet 14 曲木椅。

19 世纪末，工业化进程的第二次浪潮席卷整个欧洲，以技术指导实践的工业发展催生了批量生产的新方法。

图1-1　14号曲木椅　　　　图1-2　无印良品 Thonet 14 曲木椅

（2）工业设计成熟阶段

第二个时期是 20 世纪初至 1945 年，即第一次和第二次世界大战之间的 20 世纪上半叶，正是世界政治与经济动荡的年代，影响波及欧洲和亚洲的大部分国家和地区。这一时期现代工业设计经历了漫长的酝酿阶段之后走向成熟，设计流派纷纭，杰出人物辈出，工业设计形成了系统的理论，并在世界范围内得到传播。1907 年德意志制造联盟成立，使建筑设计与制造兼顾了工业批量生产和手工艺生产。1919 年德国包豪斯成立，进一步从理论上、实践上和教育体制上推动了工业设计的发展，在现代设计运动中做出了难以衡量的巨大贡献，培养了许多具备高度创新能力且才华横溢的设计思想家与实践者。图 1-3 为包豪斯学校外观。1929 年，美国华尔街股票市场的大崩溃和接踵而来的经济大萧条，使工业设计成为企业生存的必要手段，以罗维为代表的第一代职业工业设计师在这样的背景下出现。在他们的努力下，工业设计作为一门独立的现代学科得到了社会的广泛认可，并确立了它在工业界的重要地位。

图1-3　包豪斯学校

（2）工业设计变革阶段

第三个时期是在第二次世界大战之后，从 1945 年至 20 世纪 70 年代。特别是 20 世纪 50 年代，见证了政治、经济与设计的巨大变革。德国、意大利与日本致力于战后的复兴建设，并将主要精力投入在基础需求与基础设施方面，如食物、房屋、经济、国家和政府的重建。另外，美国由于没有受到战争的重创，在 20 世纪 50 年代迅速成为经济与设计的领导者。战后美国文化的影响（如设计、音乐、电影）很快延伸至欧洲，可口可乐等商品成为新的国际化生活的象征。这一时期美国、欧洲、日本的工业设计与工业生产和科学技术紧密结合，后工业社会的不同消费市场环境并存，工业设计理念和设计风格愈加多元化，

"理性主义""无名性"设计、"高技术风格""后现代主义"等设计思潮和流派纷纷兴起。1953年乌尔姆设计学院建立,马克思·比尔(Max Bill, 1908—1994),乌尔姆设计学院的首位校长,将学院看作是包豪斯在教育、哲学、方法论、政治以及设计方面的继承者。从 20 世纪60 年代早期到 1968 年学院解散,在托马斯·马尔多纳多(Tomas Maldonado, 1964—1966)与赫伯特·奥尔(Herbert Ohl, 1966—1968)的领导下,学院的课程更加关注技术问题、信息与技术系统理论。学院解散前也一直与如 Kodak 柯达、Braun 博朗等国际公司紧密合作。

这一时期,工业设计无论在理论上、实践上和教育体系上都有极大的发展,与工业设计密切相关的一些基本学科,如人机工程学、市场学、设计心理学、计算机辅助设计等都得到了发展和完善,因此,工业设计作为现代社会中不可缺少的一门独立学科已经确立。

(4)工业设计全新阶段

第四个时期是从 20 世纪 80 年代至今,互联网的迅速发展使人类进入了信息爆炸的全新时代,特别是移动互联网的普及使人类社会的技术特征和经济、文化都产生了巨大的变化。工业设计的概念、范畴和要解决的问题都随之改变,世界各国的设计界都在面对和研究这种变革。这一时期,我国的工业设计快速崛起,国家投入大量资金在产品的自主创新与开发研究上,越来越多的中国制造企业意识到,中国设计的未来是建立在更好地理解中国人民生活与行为的基础上,设计和开发出满足他们(中国人民)需要和期待的产品。包括华为、联想、小米、海尔等企业成了参与全球产品设计与开发的重要成员。

在 2001 年,国际工业设计联合会(ICSID)根据这一时期全世界工业设计的发展趋势,在汉城(现名首尔)双年会上提出了《2001 年汉城工业设计师宣言》。

《2001 年汉城工业设计师宣言》

(一)我们现在所处的状态

①工业设计不再只依赖工业上的制造方法。

②工业设计不再只是对物体的外观有兴趣。

③工业设计不再只热衷于追求材料的完善。

④工业设计不再为"新"这个观念所迷惑。

⑤工业设计不会将舒适的状态(state of comfort)和缺乏运动觉模拟(absences of kinesthetic stimulation)两者相混淆。

⑥工业设计不会将我们身处的环境视为和我们自身隔离。

⑦工业设计不能成为满足无止境需求的工具或手段。

(二)我们希望达到的状态

①工业设计对"为什么"问题的评价更甚于"如何做"的问题。

②工业设计利用技术的进步去培育更好的人类生活状态。

③工业设计要恢复社会中已失去的完善意含(the lost meaning of integrity in the society)。

④工业设计促进多种文化间的对话。

⑤工业设计推动一门能滋养人类潜能及尊严的"存在科学"(existential science)。

⑥工业设计追寻身体与心灵的完全和谐。

⑦工业设计将自然环境及人造环境同时视为欢庆生活的伙伴。

（三）我们希望成为何种角色以达到此目标
①工业设计师是介于不同生活力量间的平衡使者。
②工业设计师鼓励使用者以其独特的方式与所设计的对象进行互动。
③工业设计师开启使用者创造经验的大门。
④工业设计师需要接受重新发现日常生活意义的教育。
⑤工业设计师追寻可继续发展的方法。
⑥工业设计师在照顾企业及资本之前会先注意到人性及自然。
⑦工业设计师是选择未来文明发展方向的创造团队成员之一。

结合章节 1.1.2 中提到国际设计组织（WDO）于 2015 年发布的工业设计最新定义，可以看出，在市场竞争的环境下建立和发展起来的，具有明确商业属性的"工业设计"旧有概念逐渐被摒弃；如何平衡企业的经济目标与社会责任，实现人类社会在环境、文化、经济诸方面的可持续发展，是今天每一位工业设计师所面临的考验，可持续设计、社会创新设计等新的设计领域正成为设计师关注的焦点；由工业设计衍生的以用户体验为核心的设计思维正成为不同行业的创新者所必须具备的一种思维方式，工业设计师将和这些不同行业的创新者协同设计；工业设计的目的是旨在通过其输出物促进商业成功和提供更高品质的生活。

1.2　工业设计中产品设计

1.2.1　产品设计概念及内涵

"产品"一词因其本身具有丰富的含义，不同的人群因为立场不同，角度有异，对产品概念的理解总有所不同。在以机械化批量生产和批量消费为基础的工业设计时代，"工业设计"与"产品设计"是同义词，比如造型别致的沙发椅、动力感十足的流线型摩托车、安全可靠的园林剪刀等，如图 1-4~图 1-6。但是，在互联网时代，特别是移动互联网时代，产品设计不仅指物质的产品，也包括了全方位、全流程、全接触点的服务和用户体验，比如智能手机中品类繁多的 App 应用软件，甚至是一种新型的汽车保险方案、一节为小学生量身打造的陶艺课或银行理财产品。

图 1-4　沙发椅　　　　图 1-5　流线型摩托车　　　图 1-6　园林剪刀

产品设计的范畴并没有明确的边界，往往会与许多特殊的设计领域相互重叠，如照明设计、家具设计、环境设计、平面设计、服装设计以及交互设计。其覆盖的产品范围也是五花八门，口红、裁纸刀、相机、马桶刷、垃圾桶、花瓶、调味盒、衣架、香水瓶、剃须刀、酒瓶塞、保温杯、钥匙扣、灭火器、公交候车亭、挖掘机、消防车、林间运载车、水稻收割机、笔记本电脑、智能手机以及手机中的各种应用程序等无所不包。从垃圾桶、路灯到消费者与公共环境设施，无论在家里、办公室还是公共空间，产品设计的意义在于提高生活质量。同时，产品设计也是一种商业行为，通过产品设计来保证企业所制造与销售的产品足以吸引、打动和取悦消费者。产品设计可以提供满足需求、改进功能与改善外观的方式，也可以提出解决问题的新方法。

起源于英国的工业革命深深地影响了整个 18 世纪的世界，也见证了由于制造程序与劳动分工变革而出现的工业产品批量化生产。纵观人类悠久的历史，产品一直以来由手工艺人创造与制作，并总带有独特的手工痕迹和美学意义，但产品制造商迅速意识到设计师具有的独特优势，之后便将设计与制作分离，从此设计师被定位为复杂制造过程的规划者。设计被完全整合到工业生产流程中预示着产品设计成了一门公认的学科，在任何新产品的开发过程中扮演着重要的角色。从另一个层面理解，无论是大批量生产，还是小批量制造，或是设计独一无二的单件产品，设计师正在重新演绎已经被忽略的传统手工艺者的角色。

对于任何一家与产品制造和营销相关的企业，产品设计几乎会影响企业的方方面面——最显著且最直接的就是研发与新产品规划，其次与品牌管理、分销、销售、公关（PR）以及客户服务也息息相关。这就是为什么先进的企业对产品设计如此青睐，并将其贯穿整个企业管理过程的原因。

公共服务领域同样受益于产品设计。如街道设施、交互设施（如公共信息指示系统）、交通系统和公共服务设施（如消防、警务和紧急救助系统），以及医疗和健康甚至军用设施。产品设计在公共服务领域的贡献主要集中于改进服务、环境或设施与设备，提升产品使用者或操作者的体验质量。

产品设计日益作为一种极为重要的策略工具，在为消费者创造情感价值方面发挥重要作用。产品设计令消费者觉得产品更好用，更具吸引力，更加值得信赖，并更具性价比，从而在产品与消费者间形成强大的情感纽带。消费者因而在心中逐渐增加对产品与品牌的认知与忠诚度。

而且，无论何时何地，人们都会发现产品设计是"人"与"硬件"互动的桥梁。

作为一门学科，或是一个专业，一般的术语及其定义的辨析总是根据领域范围的逐步具化而不断改变的。因此，对产品和产品设计的科学认知，必须首先界定研究与学习的角度和范畴。

在本书中，我们从工业设计师的角度对"产品设计"进行研究与学习。所以，产品自然就应该是工业产品；产品设计也就应该是工业产品的设计或产品的工业设计。

1.2.2 工业产品设计范围类型

工业产品设计的结果多是以物化产品的形式体现，工业产品设计的范围很广，有很多内容与其他设计领域相互交叉，工业产品设计类型的界定并非绝对孤立的，而是相互关联与重叠的，某些工业产品可能兼顾几种产品类型的特征。英国诺桑比亚大学（University of Northumbria）设计学院教授保罗·罗杰斯将工业产品归纳为以下 8 种类型。

（1）消费类产品

从某种意义上理解，消费类工业产品是最为庞大的类型。设计师的工作往往与消费类产品直接相关。这类产品涵盖的范围十分广泛,几乎涉及消费者生活的各个方面,例如照明系统、家用电器、医疗产品、视频与音频设备、办公设备、家用交通工具、个人计算机和家具等。消费类产品本身需要考虑许多方面:产品需要好用且具有优良的性能(功能);产品看起来美观且具有吸引力(美学);合理的价位与性价比(这对生产商和消费者都有重大意义)。许多消费类产品的典型特征是产品由各类大量的零配件组合而成,因此在设计中需要机械工程师、电子工程师、人类工效学家(其责任是评估工作的合理性,包括工作内容、对工人的需求、设备的使用、如何合理地完成任务以及信息沟通等),以及由制造专员联合组成的团队共同参与完成。现代消费类产品的一个重要特征是产品必须兼顾合理的外观和使用性,并且同时彰显出产品以及制造商(或销售商)的品牌价值。

(2)单件设计品

一些经典的产品设计被视为设计中的艺术品,如Apple 公司的 iPod 音乐播放器、可口可乐的瓶子、Volkswagen 公司的甲壳虫汽车,都是被频繁引用的例子。近些年,真正限量的单件设计作品正在产品设计师中逐渐形成趋势。许多著名的设计师每年都会设计绝无仅有的单件作品作为年度设计在世界各地,诸如米兰家具展、纽约的国际当代家具展(ICFF)、伦敦设计节、中央美术学院"为坐而设计"主题展中展出。这些带有艺术气质的单件设计品往往会将产品的外观作为首要的考虑与衡量因素,而功能则会相对次之。图1-7 就是在中央美术学院"为坐而设计"主题展中展出的单件设计品之一。

图 1-7　单件设计品:"为坐而设计"
主题展品

(3)快消品

如瓶装黄油、汽油、矿泉水、报纸以及碳酸饮料等使用寿命短、消费周期快的产品称为快消品。对于这种类型的工业产品,设计师主要参与其产品的包装设计、品牌与广告的策划、推广等工作。换句话说,产品设计师不会特别关注快消品本身,如黄油、汽油或饮料,而是围绕产品的包装、品牌和市场推广来展开工作。

(4)散装产品

散装产品(或称工程类产品),主要是指用于制造其他产品的半成品原材料,包括金属型材、金属或塑料线材、编织板材、薄片及压片等,如图1-8所示。产品设计师有时候也会参与这类产品的设计与制造过程,如某些半成品的压花加工(在纸类或其他延展性好的产品上创造三维图像的设计过程)、表面的材质与处理等。

(5)工业制品

工业制品在这里主要是指零部件和配件,如图1-9所示。制造企业会批量购买工业制品,用于组装并生产自己的产品。这种类型的产品外观相对其主要的功能与性能诉求而言，并不十分重要。常见的工业制品包括：滚珠和滚珠轴承、电动马达与控制器、电路板、起重机吊钩以及航空领域所使用的燃气涡轮发动机等。

（6）工业设备产品

工业设备产品是相对独立的设备(如机械产品)，通常具有复杂的功能，主要应用在工业领域。这类产品的外观对于产品的功能和性能来说同样处于次要位置。常见的工业设备产品包括一体化工作站、机械工具、货运车辆、土方机械以及民航客机等，如图1-10所示的机械臂。

图1-8　散装产品　　　　　　图1-9　工业制品　　　　图1-10　机械臂

（7）特殊用途产品

特殊用途产品包括工装夹具、定制加工工具、装置器、特殊用途的机器人以及定制化制造与装配机械，如图1-11所示，就是一款特殊用途机器人。通常这种类型的产品每款的制造数量都非常少，甚至只生产一件，因为这类产品可能只是为某个客户专门设计与开发的。从事该领域产品开发的设计师需要具备十分灵活的设计能力，因为他们所设计的产品会随着客户的不同需求发生迅速而巨大的变化。而能够完成特殊用途设计与开发的产品设计公司，主要也都是一些已达到一定规模的中小型企业。

（8）工业系统产品

工业系统产品包含工业设备产品以及为这些产品之间提供控制与连接的设备，如图1-12所示。这些系统与设备通常来自专门的供应商，并且按照特殊的方式设计。这种类型的产品通常会与其他产品配合工作，而设计工业系统的工作方式以及相关的零部件通常都是供应商的责任。工业系统产品的例子包括污水提纯系统的装置与部件、发电站设备和电话网络等。

图1-11　特殊用途机器人　　　　　图1-12　工业系统产品

1.2.3 工业产品设计一般程序

现代工业产品的门类很多，产品的复杂程度也相差很大，每一个设计过程都是一个解决问题的过程，也是一个创新的过程。如图1-13所示，产品设计涉及的因素众多，设计过程和整个企业的营销、开发、生产、销售、服务过程都有着紧密的联系，也就是说设计活动贯穿于企业营销—开发—生产—销售的始终，而并不是单纯技术或外观的问题。因此，工业产品的设计开发必须有一个规范的流程，才能有计划、按步骤、分阶段地解决各类问题，最后得到令人满意的设计结果。

图1-13中，影响产品设计的各方面因素，可归纳为以下4个类型：

H 人性因素（生理的、心理的和社会的用户需求）；

T 技术因素（材料选择和生产工艺）；

E 经济因素（材料、工具和人工成本）；

F 环保因素（原材料和能源消耗，对环境的冲击）。

这4个类型因素具有不同的特征，从客观到主观，从理性到非理性。产品设计就是综合这些不同的因素，有时甚至是对立的因素，整体对产品进行设计。若想设计成功，不但需要具备巧妙的创意，而且还需制定周密、相近且不乏弹性的计划，并付诸实践，持之以恒的执行。

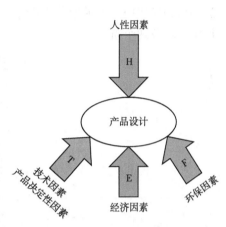

图1-13 影响产品的要素

格雷兹菲·乔尼姆运用科学大学（瑞士）工业设计系创始人 Gerhard Heufler 将解决问题的设计程序总结为以下3个步骤（图1-14）：

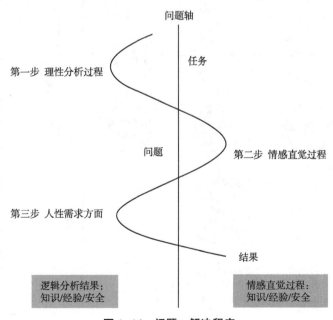

图1-14 问题—解决程序

第一步，理性分析过程。目的在于区分不同的因素，将其分类。

第二步，情感直觉过程。平衡单体与综合体；科学家强调理性的一面，艺术家强调感性的一面。产品的设计要根据两方面来综合考虑。

第三步，人性需求方面(产品应该满足的需求)。同样包括理性和感性两方面。

从设计任务开始，对涉及的所有因素，都必须围绕问题轴，以逻辑分析和情感直觉这两种思维方法交织分析，帮助我们更好地理解复杂的设计程序，向上螺旋盘升，直至找到结果。

图 1-15 展示了由 Norbert Roozenburg(罗伯特·罗森伯格)和 Johannes Eekels(约翰内斯·埃克尔斯)共同创造的产品创新流程模型，主要描述了如何将产品设计应用于整个产品创新的流程中。此模型分为产品开发环节(涵盖了所有新产品设计所需的各项活动)与设计实现环节两个阶段。

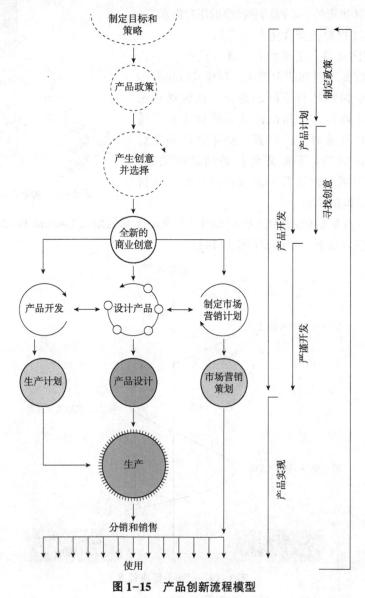

图 1-15　产品创新流程模型

图 1-16 是工业设计专业的高校学生在完成概念设计作业时常见的一般程序模型，可供读者参考。

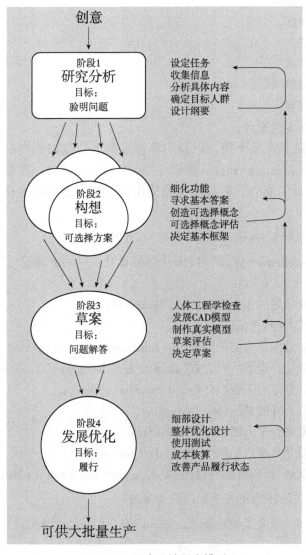

图 1-16　概念设计程序模型

1.2.4　何为"好设计"

关于何为"好设计"，世界各国的企业、学术组织和设计大师都曾给出过答案，日本每年都会评选 Good Design Award(优良设计奖)，美国工业设计师协会每年会举办 IDEA(美国工业设计优秀奖)，我国自 2015 年起依托中国工程院，设立了"好设计奖"。下面列举一些人们关于好设计的表述：

(1)德国著名设计师戴特·拉姆斯(Rams Dieter)提出的设计十诚信条

好设计是创新的。

好设计使产品有用。

好设计是美观的。

好设计帮助我们理解产品。

好设计是不扎眼的。

好设计是诚实的。

好设计是耐用的。

好设计会解决细节问题。

好设计会注意环境。

好设计是尽可能少的设计。

他认为设计师赋予产品个性，但并不将自身的个性强加于产品之上。他将设计师视为无声的服务员（silent servant）。他说："能够让产品说话。在最理想的状态下，产品本身具有自我说话的能力，而且能节约使用者研读那乏味的操作手册所花去的大量时间。"

（2）《为什么是设计？——工业设计导论》关于好设计的陈述

彦斯·伯森（Jens Bemsen）所著的《为什么是设计？——工业设计导论》中，所罗列的优良设计的本质是：

好的产品设计就是好的企业运营（good business）。

好的产品设计就是创新（innovation）。

好的产品设计就是满足人类的需要（the fulfillment of human needs）。

好的产品设计就是合理的生产方式（rational manufacturing）。

好的产品设计就是好的工程设计（good engineering design）。

好的产品设计就是好的功能（good function）。

好的产品设计就是合乎人因工程（human factors）。

好的产品设计就是具有产品的个性（product personality）。

好的产品设计就是与环境保持良好的关系（a good relationship with the environment）。

（3）《什么是现代设计?》中关于好设计的陈述

美国学者埃德加·考夫曼（Edgar Kaufmann）曾在《什么是现代设计?》一书中将现代设计归纳为12项特征：

现代设计必须满足近代生活具体而切实的需要。

现代设计应体现时代精神。

现代设计必须不断吸取艺术的精华和科学的进步。

现代设计应灵活运用新材料、新工艺，并使其得到发展。

现代设计通过运用适当的材料和技术手段，不断丰富产品的造型、肌理、色彩等效果。

现代设计表现的对象要清晰，机能要明确。

现代设计必须如实表现出材质美。

现代设计在制造方法上不得用手工艺技术代替批量生产，技术上不能以假乱真。

现代设计在实用、材料、工艺的表现上融为一体，并在视觉上得到满足。

现代设计应单纯，其构成在外观上要明确，避免过多修饰。

现代设计必须熟悉和掌握机械设备的功能。

现代设计应尽可能为大众服务，设计上避免华丽，需求有所节制，且价格合理。

有人认为这12项特征过分强调了产品的功能，而忽视了产品如何与生活环境、人的情感、兴趣等整体地达到协调与和谐。

（4）日本 GOOD DESIGN AWARD 的评审标准

①人类视点

是否易用、易懂、具亲和性等，对用户有应尽的、足够的关怀？

是否针对安全、安心、环境、生理上的弱者等进行了具有可信性的各种关怀？

是否是可以令用户产生共鸣的设计？

是否是有魅力的，能够诱发用户之创造性的设计？

②产业视点

是否是利用新技术、新材料等或通过创意巧思巧妙地解决问题？

是否以合适的技术、方法、品质管理进行合理的结构设计、计划？

是否对于新产业、新商业的创造做出了贡献？

③社会视点

是否对新方法、生活方式、交互方式等新文化的创造做出了贡献？

是否对可持续性发展社会的实现做出了贡献？

是否对社会提出了新的手法、概念、样式等新的价值？

④时间视点

是否有效利用过去的背景和积累，提出新的价值？

是否从中、长期观点出发提出可持续性较高的方案？

是否顺应时代的发展持续地进行改善？

图1-17向我们展示了2个日本 GOOD DESIGN AWARD 的获奖作品。

图1-17　日本 GOOD DESIGN AWARD 获奖作品

（5）美国 IDEA 工业设计优秀奖的评审标准

①设计创新　产品或服务设计的创新程度如何，是否解决了某些关键问题，解决方案是否巧妙，是否推进了一个产品类别的发展。

②用户受益　用户的生活能否通过该设计得到改善，能否完成以前无法做到的事情。

③客户/品牌受益　该设计有什么商业影响？是否成为影响客户/品牌的市场差异的关键性因素。

④社会受益　该设计是否考虑了社会和文化因素，是否用可持续的方法/材料设计/制造而成。

⑤适当的美学特征　该设计的形式是否与其用途/功能充分相关，使用的颜色/材料/饰面是否符合它的用途。

图 1-18 向我们展示了 4 个 IDEA（美国工业设计优秀奖）的获奖作品。

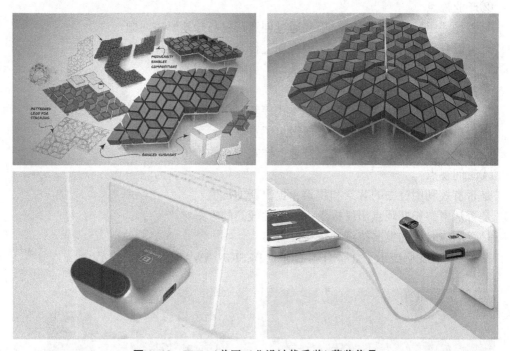

图 1-18　IDEA（美国工业设计优秀奖）获奖作品

1.3　工业产品设计师职业责任和社会责任

工业产品设计是在已有的技术和用户需求的基础上，对目标产品进行感知体验的推陈出新，通过适当满足用户的需求，来达到满足企业市场竞争需求和社会发展需求的目的。所以，产品设计师承担着提供企业竞争优势的职业责任和解决社会问题的社会责任。

1.3.1　工业产品设计师承担的职业责任

工业设计在现代社会中扮演的角色愈加重要，它与科技、市场组成了企业成功策略的三要素。工业产品设计师通常是以驻场设计师和厂外自由设计师的方式存在，通过与其他专业人士的合作，参与计划和创造大工业生产的产品。无论哪种设计师，他的工作职责都由产品开发设计流程中的工作任务细分决定的。因此，应根据产品开发的目的设定开发流程，然后根据设计任务对每个流程环节中的工业设计内容做出详细的界定。事实上，现代的设计分工也是在这样的职责界定的基础上进行划分的。

设计师在产品设计过程中的职责界定，对应于设计分工，体现于设计流程的衔接，归属于设计的任务管理。

从产品设计的流程来看，问题的提出—分析—解决是基本的逻辑顺序。

设计师首先应当具备发现和转换问题的能力。面对目标产品，设计师需要因时、因地、因人，遵循使用情境，全面考虑诸如生产—流通—消费—再生产的各类循环关系模型因素，从用户、客户、社会的综合关系中，系统地梳理出具有价值的问题点，然后把这些问题点转换为感知体验设计中需要达成的设计问题，在对设计问题赋予价值权重的基础上展开设计。一般的，问题的提出体现于产品设想。

其次，设计师应具备科学分析问题的能力。设计问题的权重，首先有赖于充分而翔实的用户调查研究与市场调查研究；以及对设计效果的历史研究，这体现于时尚的更新和经典的延续。

最后，设计师应具备能够合理创意，利用造型解决问题的能力。这是产品设想转化为产品设计概念的过程，也是设计师专业能力最核心的体现。

以下是华为公司近年面向应届毕业生招聘工业设计师（ID）的岗位要求，可以从中看出企业对设计师专业能力的基本要求。

①具有良好的设计专业功底和开阔的视野，有充分的设计案例和作品呈现；

②手绘表达能力强，熟练掌握 Photoshop/CorelDraw/Rhino/Pro-E 等三维造型软件和渲染软件，熟悉基本的草模制作方法和基本产品的工艺知识；

③热爱设计，有优秀的审美，对形体具有较强的发散性思维和创新能力，对设计有独到的认识；

④具有用户分析和调研的基本知识，能基于用户和市场分析挖掘到设计商业机会点；

⑤有公司和设计机构实习经验及有成功项目案例的优先考虑，有海外交流经验的加分。

1.3.2　工业产品设计师承担的社会责任

对于每一名设计师来说，社会责任感是必须具备的素质。对于产品设计来说，社会责任是评价设计优劣的基本标准。产品设计师的设计创造是有目的的社会行为，不是设计师的"自我表现"。过于追求销量的商业设计导致了对社会资源和生态环境的消耗和破坏，企业在产品设计策略中甚至包括有计划的废止制，诸如此类的极度消费现象引起了设计师和学者们对"设计伦理"和"责任设计"的探讨。维克多·帕帕奈克（Victor Papanek）认为"设计师必须承担设计的社会责任并充分估计设计可能会给社会和环境带来的种种后果。"在此基础上，他进一步提出了为第三世界设计、为弱势人群设计、为环境设计、为教育和医疗设计等主张，这都极大地拓宽了现代设计的视野，并成为当代设计思想的一个里程碑。

近年来，全世界很多高校和设计研究机构结合当前社会、经济、文化发展，对设计的社会责任与整个人类社会大发展趋势之间的关联进行了如下探讨：

(1) 为民生而设计

"设计的目的是满足大多数人的需要，而不是为小部分人服务，尤其是那些被遗忘的大多数，更应该得到设计师的关注。"这里所谓被遗忘的大多数可广义理解为在不同环境

图1-19　生命吸管

下，有任何一种特殊需要的设计消费群体。他们可能是残疾人、儿童、老年人，可能是某个特殊自然环境下生存的人群，或某个特殊时期不能正常行为的人群，也可能是灾区或欠发达地区需要改进生活的人群。为他们所作的设计从根本上体现了设计的社会性意义和设计对人的终极关怀意义。如丹麦的 Vestergaard Frandsen 为无法安全饮水的人群设计的"生命吸管"，也能为飓风、地震或其他灾难的受害者提供安全的饮用水，它已经广泛应用在撒哈拉以南的非洲部分地区，图1-19 所示。

(2) 全球化背景下的设计

"全球化"一词自20世纪末到21世纪一直被各领域广泛使用并讨论，用以描述日益增长的全球经济、社会、科技、文化、政治和生态等方面的连通性、综合性和互相依赖性。就文化方面而言，这种连通性、综合性和互相依赖性一方面给各地区的本土文化构筑了一个开放的平台，给它们提供文化交融、传播和创造其国际认同性的可能；另一方面，"强势文化形成的超时空、跨地域的浪潮，正在有力地冲击着以民族国家为基础的世界文化存在的全部合法性与合理性……"，换言之，即在文化全球化的环境下，某些强势文化正在形成对本土文化的覆盖和威胁，世界文化统一性的趋向使得本土文化在某种程度上处于尴尬的境地，进而引发的就是民族文化的迷失。工业设计师该如何通过产品设计逐步确立我国本土文化的身份定位？如图1-20 和图1-21 所示，为北京洛可可公司根据中国传统文化元素设计的"高山流水"和"上山虎"系列香台。

图1-20　"高山流水"系列香台

图1-21　"上山虎"系列香台

(设计公司：北京洛可可)

（3）生态设计与"可持续发展"

人类面对严峻的生态危机，如绿地减少、森林滥伐、沙化严重、土地丧失、淡水紧缺、水污染、物种灭绝、地球升温、人口爆炸、能源紧张、生产过度等，这意味着人类与自然之间的物质和能量循环出现了严重的障碍。于是，对可持续发展的研究越来越重视，并且逐渐倾向于跨学科的综合性研究，用一种全方位、立体式的多元视点进行阐析，旨在将人、自然、社会的发展置入可持续的理论模式中，倡导人与世界的和谐、互融关系。设计师作为物化产品的实现者，最后的成果无论对社会观念、审美观念和生活理念的传播都起着一定的影响；另外，从物化的角度来看，成果的体现与生态设计有着密切关联。如果设计师能将生态设计与可持续性发展视为己任，则会在环保、节能、保护生态等方面做出自己的贡献。

设计师作为一种职业，意味着掌握着某种"权利"，而人之常欲就是让所有的人都像自己一样地思考问题，这种欲望如今派生出许多爆炸性的东西。传播手段的完善，使这个权利情节的表现，得到非常了不起的延伸。随着后工业社会的到来，非物质性文化的出现，设计师应当站在有关社会责任的高度来关注其设计行为，设计师自身必须关注到设计行为对整个社会文化及人们生存环境的影响。设计作为人类发展的一个重要因素，既可能成为人类自我毁灭的绝路，也可能成为人类到达一个更加美好世界的捷径。

作　业

1. 请谈一谈你对工业设计定义几次变革的理解。

2. 结合章节 1.2.4 的内容，阐述你心目中"好设计"的标准是什么？可举例说明。

3. 作为一名准设计师，你觉得工业产品设计师应当承担哪些社会责任？工业产品设计师又面临哪些挑战？

2 工业产品设计初步分析

内容简介

本章初步介绍了工业产品设计中人、技术、环境和审美的四大要素，以及从消费者和企业的角度如何分析产品设计，并结合文中内容向读者介绍了用户角色模型、用户旅程图、趋势分析法、生命周期快速分析法、用户观察法、用户访谈法、问卷调查法的使用方法和步骤。

教学目标

本章要求学生能够了解工业产品设计涉及众多要素，在设计中如何协调人、技术、环境和审美四大要素的关系，是产品设计的关键所在；初步掌握洞察消费者需求的设计方法，具备判断、综合消费者和企业多方诉求的基本能力。

2.1 工业产品设计要素

工业产品设计涉及众多要素，在设计中如何协调诸多要素的关系，是产品设计的关键所在。所以，如何确定要素内容，是整个产品设计活动成功与否的重要组成部分。在进行产品设计的过程中，并非只要考虑一种要素，而是要考虑很多要素之间的综合关系。产品设计的各种要素可以归纳为人、技术、环境和审美四大要素（图2-1）。

2.1.1 人的要素

人是产品设计中最基本的要素，是产品设计活动得以形成与实施的关键。它既包括人的心理要素，如需求、价值观念、行为意识和认知行动，也包括人的形态与生理特征等生理要素。人的生理要素可以通过人体计测、人机工程学的生理测定等方法取得，这些数据是产品设计过程的分析综合化阶段所必须考虑的事项；人的心理要素是设计目标阶段应考虑的问题，但很难像生理要素那样可以定量测量。人的生理要素和心理要素的相关知识在《人机工程学》与《设计心理学》教材中都有详尽介绍，本书不再赘述。

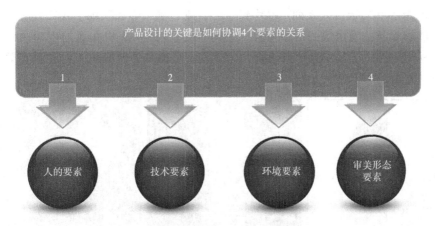

图 2-1　产品设计的 4 个要素

值得注意的是，人的要素不仅仅指产品的使用者，它涵盖了从产品诞生到消亡的全部过程中必然要介入其中的不同角色的"人"的因素。无论什么产品都是汇集了各种知识、技术和技能，必须要有不同专业领域的人同心协力，才能完成产品的整个生命过程。不同的设计对象，在设计中所要考虑的人因要素的内容及范围是有区别的，但至少应该考虑以下人因要素。

（1）生产者

这里的生产者指生产流程中各种角色的"人"。人在生产过程中工作的效率和质量，将关系到产品的成败，而设计则是影响质量和效率的前提条件，如在设计时充分考虑生产线和装配流程，以及工艺的特点和生产管理方式，最大限度地与之相适应。同时，还要考虑人在这些过程中操作的特点，尽可能简化装配操作、优化装配方法、降低组装难度等。

（2）营销者

营销活动是产品转化为商品的重要过程，设计时必须要根据营销活动的特点考虑产品与营销者之间的匹配关系。如产品在销售时的陈列方式往往是营销者所关心的，在设计瓶装饮料和方便食品的包装设计时，必须要考虑各种展示货架的层板之间的距离，最大限度地利用有限的空间实现储存、展示和销售的目的；在促销策划时，广告部门还会根据产品的特点进行创造性的视觉设计，在设计阶段就能充分考虑设计对象的可展示性，那就更有利于促销。如农夫果园系列饮料推出时，包装瓶口的直径达到 38mm，而当时市场上同类产品的包装瓶口的直径为 28mm，与众不同的包装瓶使该产品在超市货架上能够吸引更多的关注，其差异化的容量规格利于其在终端商店的陈列和促销员的口碑推荐，也为价格策略做好了铺垫。另外，产品销售时还会涉及诸多因素，如送货、安装等各种服务，包括移动、运输、仓储和商品分类等，而且还要适应各种不同的卖场。总之，设计要利于营销者发挥能动性。

（3）使用者

产品的功能只有通过人的使用才能发挥，而人能否适应产品，并正确、有效地使用产品，又取决于产品本身是否匹配于人的身心。这就要求产品的尺度、形态要与人体操作时的各部分尺寸协调，与使用环境相协调。如儿童在劳动体验课中使用的农具，与成年人使用的普通农具以效率性作为第一设计要点不同，儿童农具的安全性、适龄性和娱乐性都更为重要。如图 2-2 所示，该系列产品中铲子、钉耙、洒水壶都采用了儿童较容易接受的仿生造型，能够唤起儿童愉快的情感体验。工具的尺寸以 7~12 岁儿童的生理尺寸为设计依据，根据一般手握式工具设计原则进行尺寸规划，可拆卸的模块化结构和触感柔软的橡胶手柄提升了产品的安全性。

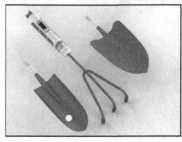

图 2-2　儿童农具设计（设计者：东北林业大学 2018 级 周云龙）

（4）回收者

任何一名有责任的设计师都必须考虑，如何使产品在生命末期还能继续产生价值，20世纪 20 年代提出的计划性废止策略虽然能刺激消费并加速商业的繁荣，但也会造成大量的资源浪费，并扭曲人和物品之间的关系。废弃物回收再利用设计为当今社会产品设计发展的主要趋势之一，图 2-3（左）所示是斯塔克设计的 Zartan 椅，整体以环保为核心，椅子采用回收的聚丙烯再混以大麻纤维压制形成。图 2-3（右）所示是 2020 东京奥运圣火火炬，火炬的制造使用了日本大地震灾区临时住宅的铝制窗框废料，既体现了对环境、资源的可持续发展理念，又传播了希望和复苏的信息。

产品设计要素以人为核心，具体体现在设计出的产品要满足人的要求。随着人类需求的提升变化，作为其认知表现的价值观念也会随之发生变化。对于产品设计师来说，设计什么，怎么设计，首先要考虑和了解人们的价值观念，这决定了如何定位产品。因此，对于人的生活基础研究是很有必要的。同时，这些定量、感性和模糊的需求既可以用产品设计师特有的技能和敏锐的洞察力去感知和了解，也可以用用户角色模型和用户旅程图的方法来概括分析。

图 2-3　Zartan 椅（左）和 2020 东京奥运圣火火炬（右）

* 用户角色模型

用户角色模型，也称"人物志"，用于分析目标用户的原型，描述并勾画用户行为、价值观以及需求，是指针对目标群体真实特征的勾勒，是真实用户的综合原型。我们对产品使用者的目标、行为、观点等进行研究，将这些要素抽象综合成为一组对典型产品使用者的描述，该方法有助于设计师在产品概念设计过程中或与团队成员及其他利益相关者讨论设计概念时，体会并交流现实生活中用户的行为、价值观和需求。

如何使用：首先，可以通过定性研究、情境地图、用户访谈、用户观察等方法收集与目标用户相关的信息。并在此基础上，建立对用户的理解，例如，其行为方式、行为主旨、共通性、个性和不同点等。通过总结目标用户群的特点（包括他们的梦想、需求以及其他观察所得的信息），依据相似点将用户群进行分类，并为每种类型建立一个用户原型。当用户原型所代表的性格特征变得清晰时，可以将他们形象化（如视觉表现、起名字、文字描述等）。一般情况下，每个项目只需要3~5个人物角色，这样既保证了信息的充足又方便管理。

步骤1：大量收集与目标用户相关的信息。

步骤2：筛选出最能代表目标用户群且最与项目相关的用户特征。

步骤3：创建3~5个用户角色：①分别为每一用户角色命名；②尽量用一张纸或其他媒介表现一个用户；③运用文字和人物图片表现用户角色及其背景信息，在此可以引用用户调研中的用户语录；④添加个人信息，如年龄、教育背景、工作、种族特征、宗教信仰和家庭状况等；⑤将每个用户角色的主要责任和生活目标都包含在其中。

要点：①引用最能反映用户角色特征的用户语录；②创建用户角色时切勿沉浸在用户研究结果的具体细节中；③有视觉吸引力的用户角色在设计过程中往往更受关注和欢迎，使用率也更高；④用户角色可以作为制作故事板的基础；⑤创建用户角色可将设计师关注的焦点锁定在某一特定的目标用户群，而非所有的用户。

人在使用产品过程中的体验感受是设计师对产品设计进行改良优化时的重要依据，用户旅程图方法能够帮助设计师深入了解解读用户在使用某个产品或服务的各个阶段中的体验，它涵盖了各个阶段中客户的情感、目的、交互、障碍等。

* 用户旅程图

工业产品设计项目的整个过程中都可以使用用户旅程图。项目开始时，首先研究用户及其体验，以此引导绘制用户旅程图（即产品使用过程中各阶段的图形表达）。用户旅程图可以十分有效地帮助设计师在设计项目接下来的各个阶段中发现自己知识匮乏之处，从而确保在之后的进程中补充并获取这些知识。设计师也能依据用户旅程图集中精力做设计，并及时在地图上标注设计改进之处。

如何使用：设计师可以通过用户旅程图更深入地理解用户使用某产品或服务以达成某个目标的整个过程。设计师经常容易陷入一个误区：许多时候他们所设计的产品功能在理论上可行，归在用户使用产品或服务的整个环境中却难以达到预期效果。此方法能帮助设计师避免设计出与用户体验格格不入的孤立的接触点或产品特征。用户在使用一个较复杂的产品或服务时，往往需要在一定时间内分多个步骤或多个渠道对不同的接触点进行操作。利用用户旅程图可以辅助设计师思考这些复杂的用户体验，并开发出符合用户体验规律且对用户和开发商皆有价值的产品和服务。

步骤1：选择目标用户的类型并说明选择的理由。尽可能详细并准确地描述该用户，并备注如何得到这些信息(例如，通过定性研究得出)。

步骤2：在横轴上标注用户使用该产品的所有过程。切记要从用户的角度来标记这些活动，而不是从产品的功能或触点的角度。

步骤3：在纵轴上罗列出各种问题：用户的目标是什么？用户的工作背景是什么？从用户的角度来看，哪些功能不错？哪些不佳？在使用产品或服务的整个过程中，用户的情绪是如何变化的？

步骤4：添加对该项目有用的任何问题。例如，用户会接触到哪些产品"接触点"？用户会和其他哪些人打交道？用户会用到哪些其他相关设备？

步骤5：最好运用跨界整合知识来回答每个阶段所面临的具体问题。

要点：①将产品的接触点留在最后标注，因为需要改进的是用户体验，所以不要过分专注于"用户需要用什么"，而应该多注重"用户想要用什么"；②灵活地运用纵坐标，每个项目的纵坐标都会有所区别；③使用不同的视觉表达形式，例如，用户旅程图可以是一个循环过程，不同的旅程可以相互交叉，可以通过比喻手法将旅程视觉化；④要求用户自行定义产品或服务使用的各个阶段，并且让用户评价使用的体验和感受，从而帮助用户自行绘制使用旅程图。注意，不要只在用户情感体验层面找寻结果；⑤将定性研究数据与定量研究数据相结合，并在项目过程中启用一些管理人员；⑥确保在讨论过程中记录好所有发现，并在旁边标记与用户对话的时间；⑦有新的发现时，不要惧怕改变现有的图表；⑧尽可能多展示视觉元素和研究数据；⑨在设计过程的不同阶段合理使用用户旅程图；⑩耐心的与项目中的不同利益相关者协同创作并绘制使用者旅程图草图，并为将来改进此图预留一定的空间。

2.1.2 技术要素

技术要素主要是指进行产品设计时必须要考虑的生产、材料与加工工艺、表面处理手段等技术问题，是使产品设计构想变为现实的关键因素。在现阶段，科学技术发展为产品设计师提供了大量创造新产品的可能条件，产品设计也使无数的高科技成果转化为具体的功能产品，以满足人们不断发展的各种需求。

人类进入信息时代，技术开始从肉眼能见的方面转向肉眼看不见的方面，这更显示了设计的重要性。传统机械技术时代的"功能决定形式"的理论开始不再适用，科技在赋予设计更为广阔的拓展空间的同时，也预示设计创新在不断变化与升级。当前，培育发展高端制造业已经成为世界主要国家抢占新一轮经济科技制高点的战略选择，也成为各国能否在新的工业革命浪潮中占领先机的关键所在。2012年，美国提出了国家制造业创新网络计划，高度重视先进制造业发展和建立全国制造创新网络；2013年，德国提出了工业4.0国家战略，在新一轮产业革命中抢占高端制造业的制高点。我国则通过实施"中国制造2025"，推进信息化和工业化深度融合。随着智能互联时代的到来，各项技术发展愈渐成熟，技术与技术之间相互渗透、不断融合，使得生产方式发生了深刻的变革，其显著特征是大规模定制和柔性化、智能化生产。通过用户大数据和智能制造的数字化流程，为不同需求、不同个性的用户定制产品和服务，实现生产消费的一体化。工业化时代和智能互联时代特征的对比如图2-4所示，制造业的进步过程如图2-5所示。

	工业化时代	智能互联时代
生产方式	大规模、标准化、同质化	个性化、定制化、柔性化
生活方式	被动接受、普适生活	主动选择、场景体验
创新方式	生产要素组合创新	创新要素动态蕴变
连接方式	企业和行业连接	数据和信息链接
驱动方式	资本、劳动力、生产资料	信息、数据、人才

图 2-4　工业化时代和智能互联时代特征对比

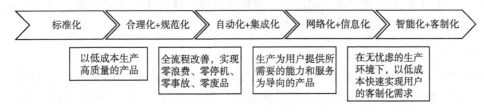

标准化	合理化+规范化	自动化+集成化	网络化+信息化	智能化+客制化
以低成本生产高质量的产品	全流程改善，实现零浪费、零停机、零事故、零废品	生产为用户提供所需要的能力和服务为导向的产品	在无忧虑的生产环境下，以低成本快速实现用户的客制化需求	

图 2-5　制造业的进步过程

智能互联时代下的生产方式是智能、高效、灵活的，生产出的产品是低成本、个性化且具有优质服务的。在新的社会背景下，在互联网、区块链、人工智能等技术的碰撞融合之下，信息共享、技术共享、生产资料共享是大势所趋。各行业间的加工技术、生产流程等生产方式也随之发生了时代性的变化，全体面向智能化转型升级。过去的生产方式特征是大规模、批量化、同质化、标准化，由规模化企业主导。规模化企业是生产制造的主体，是设计创新的主要领航员。企业规模越大，成本越低，效率越高，品牌影响力越大，市场占有率越高，但与此同时，产品同质化与日俱增，产品核心竞争力逐渐下降。随着经济的发展和消费水平的提升，多样化产品仍然不能满足新一代消费者个性化需求，因此彰显个性的定制产品的需求越来越迫切，为应对这一需求，大规模个性化定制应运而生，其特点是以接近大规模生产的效率和成本满足客户的个性化需求。针对不同消费者的个性化要求，新的生产方式能够智能化通过云计算、大数据、深度学习等技术手段较为准确地判断掌握用户需求，通过反应分析、智能计算、自行组织等实现一系列生产制造。与此同时，生产方式也在技术不断优化的过程中不断改进，使产品成本不断降低，质量不断改善，使得消费者的购买力增强，形成一个互相促进的良性闭环，生产方式的变化使消费者对产品拥有了更多的主导权。消费者不仅参与消费，还参与了生产，消费者为产品生产提供了真实有效的数据信息，成了生产主体之一，这也是智能互联时代下生产方式的新特征、新趋势。

此外，新技术发展带来的新产品和新服务逐渐取代或覆盖了生活中的旧产品和旧服务，使生活方式发生了翻天覆地的变化。如在外就餐的扫码点单或机器人点单取代了旧有的人工点单；超市购物的自助结账取代了部分人工收银；随处可见的共享单车取代了原来的公共自行车；移动支付取代了绝大部分的现金支付等。这一系列生活中的表面现象都映射出了背后产业的变化，有兴起就有衰退，有扩大就有萎缩。不论是表面呈现的生活方式现象，还是背后产业的巨大变化，都是消费者选择的结果，是智能互联时代下社会经济进化的结果。生活正在新技术的影响下一点点向着更加人性化、更加自由的未来发展。新技术赋能设计创新，使生活方式充满无限可能。

在具体的工业产品设计上，智能互联时代对工业设计发展提出了新的要求，工业设计面临全新的机遇和无限的发展空间，同时也面临着新的要求和挑战。面对层出不穷的新生事物和科技热点，工业设计无论是坚守设计思维还是积极拥抱新兴领域，都将随着时代的步伐不断前进，这个时代的活力脉搏已经从工业流水线变成了信息智能，对工业设计产生最大影响的主要是智能产品、智能设计和智能制造3个方面。工业产品的发展越来越朝着智能化方向靠近并逐步覆盖了人们的日常生活；智能设计已成为全新的设计模式，驱动产业创新升级；不断推动数字化、网络化、智能化三位一体智能制造的发展，成为满足新时代下大规模个性化定制需求的重要要求。

(1) 智能产品

今天的产品不仅是工程结构和 CMF 的组合，越来越多的产品正进化为智能终端。在设计一个新产品的时候，以过去传统的思维只考虑人机工学和实用性功能已经远远不够，新设计、新产品更多的是具有计算能力、智能应用、信息界面、互联互通、服务系统等特征和能力的产品终端，拥有数字化云服务后台，其为用户提供的服务具有迭代升级的动态特性。用户对智能产品的复杂系统表现出更加强烈的极致体验和简单易用的诉求，不断产生的用户数据同时成为产品升级的重要设计来源，将复杂的科学技术逻辑转化为完美的产品体验成为设计师的重要工作。产品的智能化发展几乎覆盖了生活、生产的方方面面。

(2) 智能设计

人工智能技术的飞速发展，使今天的设计师必须要面对来自人工智能计算设计能力的挑战。以数据和算法为基础的智能设计主要包含设计思维智能学习、设计数据智能分析、设计概念智能求解、设计方案智能评价和设计参数智能优化等方面，能够有效处理巨量用户数据和大规模个性化定制设计的复杂关系，提高设计效率，优化设计准确性和适应性。在技术不断深入发展的过程中，智能设计正在从数据导入型设计向智能创新型设计升级发展，不断突破基础算法和模型，向着更高级的智能化水平发展。智能设计在视觉传达、家居定制、建筑设计等领域已经得到了广泛而深入的应用。阿里巴巴、谷歌、亚马逊等巨头纷纷开发自己的计算设计系统。其中阿里巴巴的"鹿班"系统每年"双十一"为其生态电商场景提供超过 $10×10^8$ 规模的图片设计，从用户数据智能分析到自动生成画面，并根据用户大数据智能推送方面进行数字化定制生产，而在传统设计师工作状态下，一个设计师需要用几天的时间才完成一张海报设计。酷家乐的 VR 室内设计软件、小库 XKool 的智能设计平台通过大数据挖掘、智能分析识别等技术，实现了室内与建筑设计的局部自动化设计。产品领域的智能设计也越来越成为各研究机构、设计公司探讨研发的炙热课题项目，在智能互联时代下大势所趋，未来的智能设计必然会与产业紧密联系，并不断驱动设计产业转型升级创新发展(图 2-6、图 2-7)。

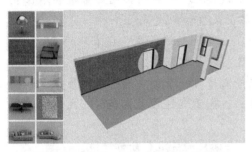

图 2-6 酷家乐 VR 室内设计软件界面　　　　图 2-7 小库 XKool 的智能设计平台界面

（3）智能制造

智能制造是智能互联时代的生产方式。在传统的工业化生产模式中，来自市场的用户需求通过研发设计转变为产品，进而经过企业内管理和流程，最终将产品推向市场。在这一经典的供应链模式中，制造企业是创新的源头和供应链链主，用户是被洞察者和被投喂者，用户没有选择权和话语权。而在智能制造的创新链和产业链中，一切的开始都源于用户，处于 C（consumer）端的用户大数据与 M（manufacture）端的智能智造系统实现数字化对接，来自用户的个性化需求和选择，通过模块化、标准化、个性化的设计转换成为参数集和指令集，分发到智慧工厂和供应链，在这个过程中，实现 C 端和 M 端对接的超级接口正是工业设计。为实现个性化设计满足大规模定制需求，需要借助数字化、网络化、智能化，全方位确保产品从设计到制造的一致性。并将人工智能融入设计、感知、决策、执行、服务等产品全生命周期，迅速收集、分析、验证产品的结构、功能、性能、生产工艺等信息，节约开发成本和缩短开发周期，提高生产效率和产品核心竞争力。低成本实现研究、设计、生产和销售等多品类社会资源的共享，高速、高效、高质量的个性化定制与柔性生产，从而快速生产出满足用户需求的个性化产品。

2.1.3 环境要素

环境要素是指设计师在进行设计时的外部环境情况和条件。按照系统论的设计思想，产品设计成功与否不仅取决于设计师能力与水平的高低，还受到企业和外部环境要素的制约与影响，如市场环境、生态环境、社会环境等。

（1）市场环境

智能互联时代的产品和服务的更迭速度越来越快，企业在发展过程中，为了适应适者生存法则，必须要依据市场环境，不断开发出能够满足消费者需求的产品，才能确保企业在激烈的市场竞争中，始终占有一席之地。了解产品所在行业的市场是呈扩张还是收缩趋势，对于企业制定设计战略和营销决策至关重要。趋势分析法能帮助设计师辨析客户需求和商业机会，从而为进一步制定商业战略、设计目标提供依据，也能催生创意想法。

＊趋势分析法

趋势是指在较长周期内(3~10年)发生的社会变化。这些变化不仅与人们不断变化的喜好(如时尚或音乐)相关，也与更广泛的社会发展(如经济、政治和科技等)密不可分。趋势分析往往在设计项目或制定战略计划的开始阶段实施。分析所得的趋势报告不仅能启发灵感，还能帮助设计师认清推出新产品所面临的风险和挑战。

如何使用：设计师试图从趋势分析中找到以下几个问题的答案：在未来的3~10年内，社会、市场和科技领域将会有怎样的发展？这些发展相互之间有何关联？它们什么时候相互促进？什么时候相互抑制？这些变化趋势又将对一个企业的战略决策产生怎样的影响？这些趋势所带来的威胁和机会分别是什么？基于这样的发展趋势，我们能想到哪些产品或服务的创意？

在分析阶段，可以采用趋势金字塔从以下4个层面对趋势进行分析评估：
①微型趋势是指发生在产品层面的变化，时间范围是1年。
②中型趋势是指发生在市场层面的变化，时间范围是5年。
③大型趋势是指发生在消费者层面的变化，时间范围是10年。
④巨型趋势是指发生在社会层面的变化，时间范围是10~30年。
每个趋势金字塔包含一个特定的主题，如政策趋势或科技趋势。

步骤1：尽可能多地列出各种趋势。寻找趋势的方式有很多，如通过互联网和报纸等各种媒体发布的趋势报告。

步骤2：使用一个分析清单(如DEPEST清单)帮助整理相关问题和答案。D＝人口统计学(demographic)；E＝生态学(ecologic)；P＝政治学(politic)；E＝经济学(economic)；S＝社会学(sociology)；T＝科技(technologic)。

步骤3：过滤相似的趋势并将各种趋势按照不同等级进行分类。辨析这些趋势是否有相关性，并找到它们之间的联系。

步骤4：将趋势信息置入趋势金字塔中。依据DEPEST等趋势分析清单设定多个趋势金字塔。

步骤5：基于趋势分析，确定有意思的新产品或服务研发方向。也可将不同的趋势进行组合，观察是否会催生新的设计灵感。

要点：①在步骤1中，尽可能多地列出各种趋势，不要在乎是否过多或是否有相似的趋势；②使用分析清单检验趋势的两个重要原因：为处理和整理大量的趋势信息提供有利工具，能用于辅助评估趋势带来的结果；③此方法也可用来确定目标用户群的喜好；④尽可能地使用各种资源寻找趋势信息；⑤尝试将这些趋势视觉化，可以参照场景描述法。

---

(2)生态环境

现代设计一味盲目地求新、求异、求变化，最大限度地刺激消费，严重破坏了生态平衡，是现代工业"文明"悲剧的根源。未来的产品设计应该有新的伦理规范，避免或减缓这种悲剧的发生。设计的重点将是最大限度地节省资源，减缓环境恶化的速度，降低消耗，满足人类生活需求而不是欲望，提高人类精神生活质量，"生态设计"概念便由此而产生了。运用生态思维，将产品设计纳入"人机—环境"系统，既考虑满足人的需求，又要以注重生态环境的保护和可持续发展为原则，对人友好，对环境也友好。

设计师需要对设计的产品负责，其中的责任并没有随着产品设计的完成而停止。设计师应考虑产品从生产、使用到丢弃的全部过程，思考当产品生命结束后会怎样。

在产品设计的过程中使用"生命周期分析"方法能帮助设计师评估产品在其整个生命周期内对环境造成的生态负担。若时间有限，也可以采用"生命周期快速分析法"（图2-8）。

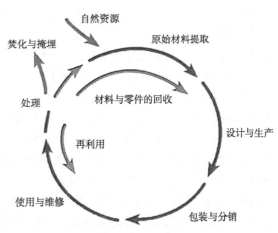

图2-8　生命周期快速分析法

*生命周期快速分析法

生命周期快速分析法适用于以下3种情况：①用于确定产品使用纯天然材料或可回收利用材料的可能性；②已经选好了主要设计材料；③在设计概念发展阶段用于优化设计。更加建议设计师在设计初始阶段使用生命周期快速分析法。

如何使用：正式的生命周期分析通常用于评定产品整个生命周期（"从摇篮到坟墓"或"从摇篮到摇篮"）对环境的影响，但许多情况下（尤其是产品在使用过程中不产生能耗的情况下），也用于评定产品从孕育到离开工厂的过程对环境造成的影响。后者在设计中往往还需要结合产品生命末期相关数据共同使用，因为产品生命末期造成的生态负担在整个生命周期中往往占有很大的比重。可以用生态成本来量化产品的生态负担，即废弃物排放、材料消耗和土地使用，将生态成本纳入成本计算中十分重要。

步骤1：设定此次分析的范围并明确分析目标。

步骤2：明确产品系统、功能单元以及系统界限。

步骤3：尽可能将需要分析比较的产品所用的材料及所产生的能耗量化；收集数据（如重量、材料、能耗）；判断数据的准确性和相关性；确定定位规则及临界标准。

步骤4：将数据输入表单或其他相关生态成本计算数据库（如 CES Edupack 的生态审计工具等）。

步骤5：解释所得结果。产品生命周期中的哪些部分所占生态成本的比重较大？如何有效降低这些生态成本？

要点：生命周期分析的主要流程旨在指导设计师在复杂的设计项目中顺利完成分析，但在实践过程中要尽可能简化生命周期分析。在产品设计初始阶段，生命周期分析应和成本计算类似：成本计算中设计师依据每千克材料的成本进行计算，而在生命周期分析中则需要依据每千克材料的生态成本表格中进行计算。

（3）社会环境

工业产品在从设计到使用的整个生命周期中，都要受到政治、经济、文化、科技、宗教等社会因素的影响与制约，这些社会宏观系统的构成因素以强大的社会影响力和渗透力引导着产品设计的方向。社会构成出现任何大的导向和变化，都会给产品设计带来直接或间接的影响。两次世界大战期间的政治、军事较量就使得军用器械与设备获得了极大的重视，人机工程学也因为和战争关系密切而获得了发展。战后特别是冷战结束后，大量的军用科技转为民用服务，原来的军工企业也转向民用生产，计算机与网络技术的发展，使得产品又呈现出新的面貌，而民俗、地域环境等因素也对产品构成特性提出了许多特定的要求。

反之，作为创造人为世界的一门学科，工业设计也肩负着通过造物行为维持社会环境的可持续健康发展的职责，在每一次国家和社会重大需求面前，工业设计作为整合技术、服务民生的重要学科和解决问题的有效手段，必须担当起应有的使命。在我国，经过新中国70余年的发展和对建设制造强国的不懈推动，设计已成为我国实现社会经济跨越式发展和解决民生问题的重要创新方法。设计学术界对于设计精准扶贫的方式方法进行了大量有意义的探索，通过特色产品开发、乡村产业升级、传统手工艺设计再造、非遗保护开发、村舍改造设计等多种多样的设计形式介入民生问题，探索促使贫困户早日摆脱贫困的解决方案。如在雕漆、刺绣、竹编、陶瓷等中国传统非遗工艺中，融入工业设计的力量，实现非遗保护和产品升级，帮助守艺人，挽救老工艺，让更多的人触碰中国文化之美。在云南香格里拉，开展了尼西黑陶保护与创新发展项目，设计形成了"梅里雪山"和"藏八宝"两套系列创新产品。经过专家团队的持续推进，已解决了传统黑陶从低温工艺向高温工艺的转换难题，导入了模具工艺生产方式，提高了产品强度，解决了运输问题。如设计师通过工业设计为贫困地区残疾人、老年人、儿童等人群设计差异化产品和服务，东北林业大学工业设计专业针对偏远地区中小学科学教具缺乏等问题，专门设计开发了一系列展示电学、光学原理的低成本教具（图2-9）。工业设计扶贫战略，本质上是能将这些时代的新动能，通过设计思维和设计创新方式上整合、组织和创造出无数个新应用场景，应用到祖国最需要建设和改善的贫困乡村，促进社会环境的良性发展，在执行和落实我国未来乡村振兴的战略上贡献价值。

另外，在全球化语境中如何借助于设计手段保持文化的多样性和可持续发展，是当下国际社会面临的一个重要话题。向国际宣传中国文化与中国设计，也是我国新一代工业设计师应当承担的责任和使命。如图2-10所示，这些国潮文创产品设计引入传统工艺作为民族文化载体，综合生产、生活、审美的活态文化体系，发掘中华文明演进过程中累积的造物经验，将传统工艺文化资源转化为当代设计语言。

2.1.4 审美要素

"美"（beauty）是人们使用频率很高的一个词，而且常常成为日常生活中衡量艺术与设计作品的一个无形的标准，这使它成为设计活动中不可回避的内容。如在购物时，消费者对于商品"美不美"的判断，往往会成为影响他们决定是否购买的重要因素，有时甚至是决定性因素。如果追问什么样的商品才能让人们感到是美的，也许每一个消费者都会有从不同角度考虑获得的答案，有人会从形态给人的感觉上来判断，有人会从功能完备与否来判

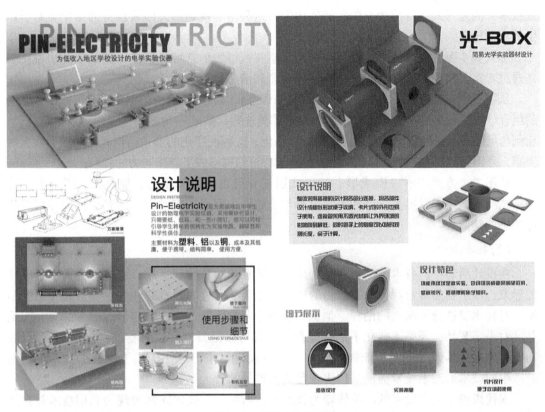

图 2-9 低成本教具设计

断，甚至还有人会从商品所显示的符号象征意义来判断。即便限定只针对形态讨论美的问题，但由于受到文化背景、年龄、性别、生活方式等各方面的影响，人们的回答依旧会不尽相同。尽管美难以描述，但审美活动却是客观存在的，上面列举的购物时人们进行的"美或不美"的考量就属于审美活动。审美活动是人们发现、选择、感受、体验、判断、评价美和创造美的实践活动和心理活动。

根据工业产品设计的特性，可以将工业产品的美概括为形式美、技术美、功能美、生态美等几个审美范畴，也可以将其整体美感称为设计美，而上述范畴之间也并非相互割裂；相反，它们之间有着密切的相互联系。

图 2-10 国潮文创产品设计

（1）形式美

在设计活动中，形式美是指对设计作品中存在的，由形状、颜色、质地，甚至声音等外在可感知的形态要素组成的复合体的审美观照。从形式和内容的关系来看，任何形式都不能脱离内容而独立存在，形式美也如此。不过，形式美体现的内容不是设计作品的功能或技术，而是形式自身所蕴含的独特的内容，这种内容就是形式因素自身的结构关系所产生的审美价值。

形式美主要表现为两个方面：一是通过感知获得的形态特征直接得到的审美愉悦；二是通过对审美对象的感性形式获得一定的观念和情感意蕴。

从第一个方面来看，这些使人能通过感知形态获得的审美愉悦，主要来自形式因素本身的组合结构关系。第4章将详细介绍多种形式美法则，如统一与多样，平衡、节奏与强调，比例与尺度等，它们都体现了形式结构的秩序化。这种秩序化的形式结构之所以能引发人的美感，是因为它们与自然规律相吻合，与人的心理结构形成了异质同构的关系。

从第二个方面来看，构成形态的形式因素自身也传递着情感。如直线、折线表示冷峻；圆润的弧线表示可爱、亲和等。色彩与质地作为形式构成的重要因素，也同样有着传递情感的功能。

（2）技术美

在设计活动中，技术美的本质是利用对自然规律的掌握和运用，通过能为人们所感知的形象，展示物品的合规律性和合目的性。日本美学家竹内敏雄曾从内容与形式关系的角度，对技术美进行了深入的阐释。他认为，技术美主要表现为内容与形式统一的美。无论是针对手工艺品，还是工业化下的机械产品，都可以把其内容视为物的功能性和有用性，功能必须通过具体而鲜明、能被人感知的形象表现出来，这便构成了物品的技术美。然而，不同技术形态下技术美的具体表现是有所差异的。

现代机械化生产出来的产品体现为技术美，与手工艺技术同样表现为利用技术对自然规律进行掌握和运用，并通过人们能够感知的形象展示产品的合规律性和合目的性。在工业化时代，人们掌握了更多的自然规律，技术使人们获得了运用这些规律利用自然的更多可能。一个新的技术原理的应用、新材料的发现以及新的加工工艺的采用，都会为人们开拓全新的活动领域，并带来技术美感。图2-11是20世纪80年代意大利设计师设计的托勒密台灯，基本造型并非原创，而是对传统工作台灯的改造。设计师使用轻便的铝材，从灯的承重支架入手，用被包裹的电线和接头替代了传统的钢制弹簧，保持了灯具的平衡，使托勒密台灯能够像一个张度很大的圆规一般随意移动灯臂。灯臂的长度是与人的手臂尺度相适应的，目的是在用户进行绘制图样之类的工作时为其提供照明。利用材料和支撑技术改进的灯具，其功能更合理，造型更加简洁、和谐，成为当时高科技风格的代表。

21世纪，信息技术已经成为全世界技术发展的主导力量，尽管对非物质的信息进行加工的信息技术与围绕物质材料展开的传统物质技术存在的形式大相径庭，但信息时代的技术美依然表现为"产品"形态的合规律性和合目的性。与过去不同的是，信息产品往往是承载信

图2-11 托勒密台灯

息的符号化文字、图形或图像，人们的操作过程也时常包含其中。而信息技术美的合规律性，虽然是直接针对人工信息的处理而言，但本质上依然脱离不了对自然规律的掌握。这是因为，所有符号化信息的创造与接收，都要考虑人的认知规律、尺度以及行为习惯，而人也是自然的一部分。如苹果手机(iPhone)之所以能在2007年刚一上市便风靡全球，并影响至今，不仅是由于其制作工艺考究、造型简洁明快的物质产品自身，以及其中运用的诸如多触点式触摸屏技术(multi-hand input)、方向感应(orientation sensor)等各种此前从未应用在手机中的高新科技，更是由于这些技术是以便于人们认知、操作的形式呈现出来的，使人们能够很容易构建一个关于手机功能分布的心理模型，而且很快能得心应手。网络游戏设计中的界面布局与各种按键的图形设计，同样是需要依赖人的操作与认知因素来设计的典型案例。所以，信息时代的技术美依然表现为内容与形式统一的美。

（3）功能美

功能美的核心内容是人们对形态传递出的实用功能的审美观照，但其内容并非仅限于此，如涉及认知的符号功能、涉及物品生产成本和效能的经济功能，以及视觉上的愉悦美观都能激发起人的美感。功能美和技术美既密切相连，又有所区别。技术美表明人们对于客观规律性的把握是人造物审美创造的基础和前提。而功能美则说明人们对人造物的审美创造总是围绕着社会目的性展开的，进而使人造物的形态成为人造物功能目的的体现，以及人的需要层次及发展水平的表征。技术美和功能美都是设计美的要素，也是从不同角度对设计美的解读。

合理的功能形式是美的形式，功能作为制造者赋予人造物用以满足使用者需求的各种效用与形态之间有着密切的联系：一方面，人造物需要满足人的各种需求，这决定了应将功能放在第一位；另一方面，形态是功能的载体，具有功能的价值。在审美活动中，人们正是对事物所显示出的合目的性的可感知形态的观照，才获得了功能美的体验。就人造物而言，功能美是通过人造物形式对功能目的性的表现，并且与人的知觉感受协调一致起来，所产生的美感体验。因此，我们才会有"一把椅子的功能美，主要是人们看上去觉得这把椅子坐着很舒适"诸如此类对功能美的通俗表述。

我们非常熟悉的可口可乐瓶一直是功能美的典范，而近一个世纪以来可口可乐瓶的形态变迁便是对合目的性和形态美感不懈追求的最佳注解。由于最初可口可乐是当作止咳糖浆销售，受手工制作以及饮料功能定位的限制，我们在图2-12中看到的1899年的可口可乐瓶身与当时具有相同功能的药品包装相似，呈圆筒状。当时由于是手工制作，每一个瓶身的形态都不尽相同。此外，由于饮料中含有碳酸气体，玻璃瓶盖也不便于饮料的保存。随着技术的发展，用机器制作的金属盖很快替代了玻璃盖。在发展过程中，为了拉大与竞争对手间的差异，可口可乐公司一直在寻觅与众不同的饮料瓶造型。1915年，可口可乐公司通过竞赛的方式，获得了今天经典玻璃可口可乐瓶的雏形：瓶身中段鼓起，两头略小，呈现出恰如人体般的曲线美，这不仅易于把握，而且其容量显得比同样高度的圆筒瓶体更大。尽管这款可口可乐瓶几近完美，但在生产中还是存在一些小问题：由于底座相对较小，可口可乐瓶在传送带上不易站稳。1916年，通过比例上的调整，最终获得的可口可乐瓶体造型成为人们记忆中功能美的经典。20世纪后期，随着各种新材料的兴起，制作成本更低、更容易塑形、更便于安全运输的塑料可口可乐瓶逐渐取代了玻璃可口可乐瓶。

2008 年，公司再次对塑料可口可乐瓶进行改进，这次改进依然是从功能美角度考虑的，诞生的全新塑料可口可乐瓶设计比过去节约了 5% 的材料，并且更容易握住，更容易打开。有鉴于人们对玻璃瓶的热爱，造型也更像经典的玻璃瓶。

图 2-12　1899 年的可口可乐瓶(左)**和全新塑料可口可乐瓶**(右)

（4）生态美

生态美是人类把自身作为自然界的一部分，以自身和生态环境作为审美对象而进行的审美观照，它的关注点集中于人与自然(包括人与自然界之间、人与人之间)关系所产生的和谐的生态效应上。因此，生态美能够体现人与自然相互依存的生命关联和生命共感，让人回到生命原初的自由本性状态。自第一件人造物诞生以来，设计便一直是连接人与自然界、人与人的纽带，起着重要的调节作用。在今天，生态危机问题日趋凸显，成为关系未来全人类存亡的首要问题。面对这样的情况，设计活动有能力，也有义务在维护和创造人与自然、人与人和谐的世界的过程中担负起部分重担，诸多的设计实践也证明了这一点。旨在将对环境的影响降到最低，实现可持续发展的生态设计便是其中之一，并以形态为中介表现出生态美。

2.2　从消费者角度分析产品设计

2.2.1　产品与人、物、空间的关系

对消费者而言，最大的问题就是如何对产品的总体品质有一个公正的评估，消费者通常是通过自己的直觉评估产品深层的综合品质，并且以这种对产品品质的直觉认识作为他们选择产品的唯一标准。但是以直觉来评估产品品质的效度过低，因此出现了很多对新产品品质进行分析评估的方法和工具。这些分析设计品质(质量)效度的科学方法使对产品设计质量的检测成为可能，但检测过程和结果却一直存在着争议。正如奥斯吐罗莫·鲁道夫·库恩所说："如果我们拿一盘莫扎特的交响乐录音带给科学家，科学家可以给出有关它的许多数据：可以量录音带的尺寸，分析其化学及物理成分，亦可以计算出乐曲的振幅并

记录下来，把其偏差画在坐标上……但是我们仍不能记录有关音乐的妙处这一核心要素。"所以，决不能孤立地评价一件产品，必须从它和相关的对象之间的关系综合起来考虑。

图 2-13 展示了人—物—空间之间的关系模型，从模型中我们可以看出产品具有作用于人类和人类生存环境的多样化的功能。

用人们日常使用的"西餐餐具"分析人—物—空间之间的关系：

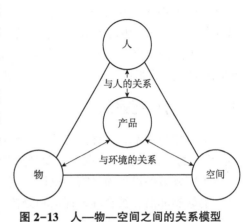

图 2-13　人—物—空间之间的关系模型

（1）产品与人的关系

人们看到餐具，然后拿起餐具，将食物放入口中。餐具美观的外形会让人们心情愉悦，但如果餐刀切不动食物，将会令人们感到烦恼。

（2）产品与物的关系（小环境的关系）

将桌子摆好后，西餐餐具将进入一个由餐盘、玻璃杯、餐巾、餐桌布等产品构成的小环境，当然，桌子本身、椅子、灯具、食品和饮料自然也包括在内。西餐餐具可能与该产品环境协调，亦有可能不协调（如西餐餐具看上去很沉重，如果配上白色瓷器和纤细轻薄的玻璃杯，就会不自然，有冲突）。

（3）产品与空间关系（大环境的关系）

如果我们将环境向更宽的范围延伸，从西餐餐具到餐桌，然后到餐厅，这时西餐餐具与这个大环境的关系便成了关注的中心。如果将一套豪华的西餐餐具与餐桌放入一个狭窄的小餐厅中，将会不协调，并且会间接反映出主人或餐厅的真实品味。

从消费者的角度来看，3 个不同功能层面的关系组成了产品的基本功能，我们可以尝试想象产品的使用情境：当我们受一位新朋友的邀请，一起去他家用餐时，进入餐厅开始用餐后发现西餐餐具的汤勺太小、餐刀手柄握持不舒适、餐叉过于锋利有可能伤到嘴，这些发现都是我们从使用者的层面体验到产品的物理性能，即产品的实用功能。我们一边继续用餐，一边品鉴用餐的器具和环境，我们注意到餐具的外形线条很美，但上面的华丽装饰图案破坏了餐具的典雅；餐勺和餐叉的比例很好，但餐刀的手柄与刀叉的比例有些不协调，这些发现是我们从观察者的层面来体验产品的美学功能。用餐到了尾声，主人离开餐厅去取甜品，我们又有时间继续观察周围的一切，目光又一次落在了这套西餐餐具上，想不通为什么简朴平凡的主人会拥有一套如此装饰豪华的西餐餐具，难道想以此提高自己的地位？还是因为它是一套具有纪念价值的传家宝？这时的西餐餐具就变成了主人的标识和象征符号，我们是从拥有者的层面来体验产品的社会属性，即产品的象征功能。

图 2-14 所示的即是工业产品功能的 3 个层面，本书的第 3 章部分将深入讨论。在本节，可以从消费者对产品的使用程序做以下分析：

首先，消费者体验到的是产品的实用功能，

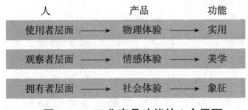

图 2-14　工业产品功能的 3 个层面

即产品的可用性。在可用性的基础上，才会涉及产品的审美功能(如章节 2.1.3 所述，由形式、技术、功能、生态等多个元素混合在一起的整体美感体验)。然后是产品所具有的象征功能，当消费者拥有并展示一件代表着当年流行风尚的产品时，其实就是在向他人展示自己的品位和某一人群的归属性，这种产品的象征功能也是消费者对产品使用程序的一部分。

2.2.2　用户观察法

通过用户观察，设计师能研究目标用户在特定情境下的行为，深入挖掘消费者"真实生活"中的各种现象、有关变量及现象与变量间的关系。

不同领域的设计项目需要论证不同的假设并回答不同的研究问题，观察所得到的五花八门的数据亦需要被合理地评估和分析。设计师可以根据明确定义的指标，描述、分析并解释观察结果与隐藏变量之间的关系。

当设计师对产品使用中的某些现象、有关变量以及现象与变量间的关系一无所知或所知甚少时，用户观察法可以助设计师一臂之力。也可以通过它看到用户的"真实生活"。在观察中，会遇到诸多可预见和不可预见的情形。在探索设计问题时，观察可以帮设计师分辨影响交互的不同因素。观察人们的日常生活，能帮助设计师理解什么是好的产品或服务体验，而观察人们与产品原型的交互能帮助设计师改进产品设计。

---

*用户观察法

运用用户观察法，设计师能更好地理解设计问题，并得出有效可行的概念及其原因。由此得出的大量视觉信息也能辅助设计师更专业的与项目利益相关者交流设计决策。

如何使用：如果想在毫不干预的情形下对用户进行观察，则需要像角落里的苍蝇一样隐蔽，或者也可以采用问答的形式来实现。更细致的研究则需观察者在真实情况中或实验室设定的场景中观察用户对某种情形的反应。视频拍摄是最好的记录手段，当然也不排除其他方式，如拍照片或记笔记。配合使用其他研究方法，积累更多的原始数据，全方位地分析所有数据并转化为设计语言。例如，用户观察和访谈可以结合使用，设计师能从中更好地理解用户思维。将所有数据整理成图片、笔记等，进行统一的定性分析。

步骤 1：确定研究的内容、对象以及地点(即全部情境)。

步骤 2：明确观察的时长、费用以及主要设计规范。

步骤 3：筛选并邀请参与人员。

步骤 4：准备开始观察。事先确认观察者是否允许进行视频或照片拍摄记录；制作观察表格(包含所有观察事项及访谈问题清单)；做一次模拟观察试验。

步骤 5：实施并执行观察。

步骤 6：分析数据并转录视频(如记录视频中的对话等)。

步骤 7：与项目利益相关者交流并讨论观察结果。

要点：①务必进行一次模拟观察；②确保刺激物(如模型或产品原型)适合观察，并及时准备好；③如果要公布观察结果，则需要询问被观察者材料的使用权限，并确保他们的隐私受到保护；④考虑评分员间的可信度。在项目开始阶段计划好往往比事后再思考来写容易；⑤考虑好数据处理的方法；⑥每次观察结束后应及时回顾记录并添加个人

感受；⑦至少让其他利益相关者参与部分分析以加强其与项目的关联性，但需要考虑到他们也许只需要一两点感受作为参考；⑧观察中最难的是保持开放的心态。切勿只关注已知事项，相反的，要接受更多意料之外的结果。鉴于此，视频是首要推荐的记录方式。尽管分析视频需要花费大量的时间，但它能提供丰富的视觉素材，并且为反复观察提供了可行性。

2.2.3 用户访谈法

用户访谈是设计师与被访谈的消费者面对面地讨论，这能帮助设计师更好地理解和洞察消费者对产品或服务的认知、意见、消费动机、极端情形、消费者的偏好及行为方式等。

* 用户访谈法

用户访谈法非常适合用于开发消费者已知的产品，在产品开发过程的不同阶段均可使用。在起始阶段，访谈能帮助设计师获得用户对现有产品的评价，获取产品使用情境的信息，甚至是某些特定事项的专业信息。在产品和服务的概念设计阶段，访谈也能用于测试设计方案，以得到详细的用户反馈。这些均有助于设计师选择并改进设计方案。

如何使用：在访谈之前，准备一份确保在访谈过程中能覆盖所有相关问题的话题指南。该指南既可以是结构严谨的问卷，也可以是根据被采访者的回答自由组织的，建议设计师在实践前先做一次试验性访谈。访谈的数量取决于设计师是否已经得到所期望的信息。如果设计师认为下一个访谈难以得出更新的信息，则可停止访谈。研究表明，在评估消费者需求的调查中，10~15 个访谈能够反映 80% 的需求。访谈过程中，设计师要能够根据消费者的表层回答得到消费者深层的使用体验 (图 2-15)，必要时可以结合拼贴画或情境地图一同使用。

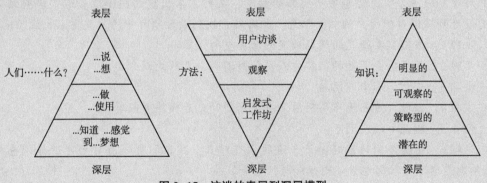

图 2-15 访谈的表层到深层模型

步骤 1：制订访谈指南，涵盖和研究问题的各类话题清单。在模拟访谈中测试该指南。
步骤 2：邀请合适的采访对象。依据项目的具体目标，可能需要选择 3~8 名被采访者。
步骤 3：实施访谈。一个访谈的时长通常为 1h 左右，访谈过程中往往需要进行录音记录。
步骤 4：记录访谈对话具体内容或总结访谈笔记。

步骤5：分析所得结果并归纳总结。

要点：①访谈需要在一个轻松但不会分散彼此注意力的氛围中进行；②用普通的问题开场，如现有产品的使用和体验等，而不要直接展示设计概念，这样才能让被采访者循序渐进地进入使用情境；③事先合理分配各类话题的时间，确保有足够的时间预留给最后几个最重要的话题；④如果需要使用视觉材料，如概念设计图，则此效果图的质量也至关重要；⑤访谈结果的质量取决于采访者的采访技巧；⑥受限于访谈者的数量，访谈获得的只是定性的结果。如果要取得定量分析的数据，则往往需要采用问卷法。

2.2.4　问卷调查法

问卷调查是一种运用一系列问题及其他提示从消费者处收集所需信息的方法，在产品研发流程的多个阶段均可使用问卷调查法。在初始阶段，此方法可用于收集目标用户群对现有产品的使用行为与体验信息。问卷调查亦可用于测试产品或服务设计概念，以帮助设计师对不同方案进行选择，同时也能评估消费者对设计概念的接受程度。

＊问卷调查法

定量研究(如问卷调查)能帮助设计师获取用户认知、意见、行为发生的频率以及消费者对某一产品或服务的设计概念感兴趣的程度，从而帮设计师确定对产品或服务最感兴趣的目标用户群。问卷的形式有多种，设计师可以依据实际情况选择面对面提问、电话问卷、互联网问卷、纸质问卷等方式。

如何使用：问卷中的问题应以项目的研究问题为基础。有效的提问并不是一件简单的事，问卷的质量决定了最终结果是否有用。建议在使用问卷调查之前，先仔细斟酌问卷的结构。问卷调查的结果取决于研究的目的。如了解某种用户行为或观点出现的频率、用户对现有解决方案优势与劣势感知的频率、某种需求出现的频率等。这些调查结果可以为设计师提供目标用户的相关信息，并有助于找到设计项目中的需要重点关注的地方。

步骤1：依据需要研究的问题确定问卷调查的话题。

步骤2：选择每个问题的回答方式，如封闭式、开放式或分类式。

步骤3：制订问卷中的问题。

步骤4：合理、清晰地布局问卷，决定问题的先后顺序并归类。

步骤5：测试并改进问卷。

步骤6：依据不同的话题邀请合适的调查对象：随机取样或有目的地选择调查对象(如熟悉该话题的人群也分不同年龄与性别等)。

步骤7：运用统计数据展示调查结果，以及被测试问题与变量之间的关系。

要点：①设计师要首先自问此问卷是否涵盖了所有需要研究的问题，是不是每个提问都必不可少。②可以用问卷调查法收集定性的数据。有时，使用样本量少却包含需要深入回答的开放型问题的问卷所得结果比使用大量样本所得结果的效果更佳。③多数问卷枯燥乏味，很难获得足够的答复样本。因此需要结合视觉材料将问卷设置得生动有趣，如在线问卷能为此提供多种可能性。④在测试一个或多个概念时，这些概念的表达至关重要。请务必在分发问卷前测试概念是否表达得清晰。⑤调研结果的质量与问卷质量密不可分，往往问卷越长，回答问卷者越少。⑥设计师常常批判问卷调查的结果太抽象。如定性研究方法更适合引起受访者的共鸣并发觉深刻见解，而要确定某种价值或需求是否普遍，定量研究数据是必不可少的。

2.3 从企业角度分析产品设计

一个健全的企业赖以生存和发展的方法，就是不断投资于自己的产品开发。企业为了在激烈的市场竞争中突出自己，必须树立与众不同的品牌形象，工业产品设计就是方便而有效的工具，它可以把生产和技术最终与消费者联系起来，为企业创造经济效益。进入 21世纪以来，我国的很多大型企业充分认识到创新驱动的重要性，加大了对工业产品的设计研发投入。但对于市场份额占有量较小的很多制造型企业而言，对产品设计重要性的认识仍然还处于起步阶段。

对企业而言，参考华为、小米等品牌的发展走向，在中国制造转型变革的未来之路上，用好设计重塑产品价值，重构行业生态链，是赢得市场认可的核心关键。

(1)设计为企业开拓竞争优势

企业需要在选定的细分市场中发展可持续性的竞争优势。产品设计一方面将生产和技术转化为适销对路的商品而推向市场；另一方面又把市场信息反馈到企业，促进生产和研发的深入，对潜在的市场或潜在的消费群体进行开拓和探索，形成新概念产品，从而引导新的消费潮流，同时获得和加强市场上持续的竞争优势。以德国知名品牌 ERCO 为例：1960 年以前，他们是一家非常普通的生产灯具的厂家。现在的 ERCO 已成为国际知名品牌，主要生产功能先进、经久耐用、设计新颖美观的灯具。他们除了在利润上的成功外，同时成了国际市场中顶级的灯具品牌及某些特殊照明用品的供应商。他们成功的秘诀是什么？该公司总经理Kaus J. Maack 描述道："我们采用了革命性整体协作的哲学理念，我们意识到我们销售的是光，而不是灯具，这就意味着最终设计成品的功能元素是光。以此我们制订了 ERCO 灯具厂的理论基础与原则——灯具的功能性，不能简单地从传统的灯具中发展出来。当我们设计第一个吸顶灯时，我们是研究了舞台的射灯。"ERCO 的例子清楚地表达了产品设计能够增加企业的竞争力。当然，产品设计不是在表面上，而是在整体协作的哲学高度上。

(2)设计是策略手段

在高度竞争的时代，将产品设计理解为只是给产品做造型，很明显这是不够的。产品设计已成为成功企业的策略之一。我国小米品牌的迅速崛起和在手机等智能硬件产品市场获得的巨大成功，与其创新性的产品设计战略有着密切关系。

2010 年，小米公司成立，2011 年，小米发布第一款手机，并迅速在 4 年时间里抢占智能手机市场，做到当时国内手机市场第一。在小米手机上市后的 6 年时间里，就发布了10 余款手机，而且每一代小米手机的发布总会伴随着让人眼前一亮的设计，小米手机对于"黑科技"的探索和对于工艺的提升更是永不止步。小米的成功，很大程度上归功于"效率"，这也是其创始人雷军所注重的，他认为：国内很多产品做不好的原因就是效率低下，结果就是产品差、价格高，用户不满意……在信息时代，需要用互联网思维去提升效率，比如电商平台减少中间环节，让产品从生产环节直接到消费者手里；选择精品与爆款战略，避免机海战略中研发、生产和营销资源的分散性，并降低成本，这其中小米手机准确的市场定位也起到了关键作用；对于品质的极致要求和关注用户体验，大大减少或消除了售后环节带来的负面影响等。除了在手机市场的成功，2013 年小米公司开始投资比较看好的创业团队，也就是用小米的成功经验孵化企业，打造小米生态链。截至 2018 年年底，小米生态链企业数量已超 200 家，硬件产品销售额已突破 400 亿元。小米生态链的阶段性成功，是设计与企业战略的深度融合，也是对信息时代新型产品战略的尝试与探索。这种模式一方面可以整合市场优秀创业资源，以小米本身的方法论、价值观拓展可预期的产品领域，寻找和抢占未来市场；另一方面，巨大完整的产业生态链不但可以使产品系列化、系统化，扩大品牌影响和企业文化传播，还可以助力所在产业领域的发展和升级。

小米模式的"效率"所反馈给用户的，恰恰正是更多用户所关注的"高性价比"。而小米生态链产品由于与小米的合作，也无形中等于贴上了"高性价比"的属性标签。这种产品策略为小米及其生态链产品实现了双赢甚至多赢的局面。

(3)设计提高品牌效益和企业形象

企业为了在激烈的市场竞争中突出自己，必须树立与众不同的品牌形象。好的设计能使企业在消费者中建立良好的声誉。对于一般用户来说，企业的视觉形象是最直接的，因而也是非常重要的。产品设计对于企业形象的作用在于创造企业产品的识别特征，使其价值形象化地体现出来。在市场竞争中，产品质量是企业成败的关键，"优质优价"是市场竞争的一条原则。但由于相同的技术能被很多公司获得，所以产品的技术质量并不能保证其在市场上的优势。而设计赋予产品在审美和象征意义上的价值才是使产品畅销、获得用户满意的保障。因此，优良的产品设计就成为提升企业品牌效益与整体形象的关键手段。意大利知名品牌阿莱西(ALESSI)就是以完善的设计管理技术和永不落伍的设计概念研究，构成了阿莱西特有的核心竞争能力，通过一系列"最优良的当代设计"打造了梦工厂的品牌形象。

(4)设计可以提升企业研发能力，降低生产成本

设计是企业中最有活力和最富创造性的活动，在企业中倡导产品设计与创新活动，可以促进企业在技术研发方面的持续投入，对于提升技术研发和革新能力，保持企业整体竞争能力的持久性有着积极的促进作用。同时，企业加大产品设计与技术研发投入，可以降低固定资产和资金、人力投入带来的较大风险，使企业在生产经营活动中始终处于一种最为优化的资源投入配置。在产品开发过程中，系统化的设计方法和价值分析方法都可以优化产品性能比和成本，通过"最佳"的资源配置，帮助企业实现经营目标，使企业永远保持进取精神和活力。

◎ 作 业

1. 请尝试结合用户旅程图方法，分析图书馆的借还图书系统。
2. 分别从消费者的角度和企业的角度，谈一谈 3~6 岁儿童玩具的设计要点。

3 工业产品设计功能

◉ **内容简介**

　　本章介绍了工业产品设计中功能要素的 3 个层面，以及如何使用功能分析法和语义分析法来对产品的实用功能、审美功能和象征功能进行分析和设计，并结合日用品设计具体案例和内容引导学生洞察不同用户的真正需求，进行包容性设计。

◉ **教学目标**

　　本章要求学生能够结合马斯洛理论了解工业产品设计中功能要素的 3 个层面，初步掌握使用功能分析法和语义分析法对产品功能进行综合分析的能力，理解包容性设计的内涵和意义，将日常生活中的弱势群体与主流群体平等对待。

3.1　产品功能三个层面

　　《辞海》中对"功能"的解释是："一为事功和能力，二为功效、作用。"关于"功能"这一概念我们可以追溯到原始的劳动工具上，从新石器时代注重其使用性的石器和强调美感的陶器，到商周时期代表拥有者身份的青铜器，都很好地诠释了"功能"这一词汇所涵盖的价值，如图 3-1 所示。陈圻认为："功能创新的基本出发点就是产品和产业不过是实现用户所需要的功能的载体和手段。"即任何一件产品，一旦失去了其功能价值，便失去了其存在的意义。产品的功能是工业产品与使用者之间最基本的相互关系，是产品得以存在的价值基础。功能与形态之间的关系，向来是古今中外的造物思想讨论的一个焦点。

　　在工业设计的发展过程中，对物品功能在造物行为中的意义的追求和探索产生了"功能主义"这样一个设计理论。在现代主义发展过程中，现代工业究竟应该设计、制造什么样的物品曾经是一个热烈探讨的话题，这个话题的核心就是功能和形式的关系，这种关系不仅仅是指产品的功能和形式的关系，还包括其他设计领域的物品，如建筑的功能和形式的关系。

石磨盘

鹿纹理 彩陶瓷

四羊方尊

图 3-1　新石器时代

20世纪初由美国建筑师沙利文从建筑设计的角度提出的"形式追随功能"一说。他认为，设计最重要的是要有好的功能，然后再加上合适的形式。他曾表示："自然界中的一切东西都具有一种形状，也就是说有一种形式，一种外部造型，于是就告诉我们，这是什么以及如何与别的东西相互区别开来。"沙利文希望通过形式与功能的协调结合，来创造更好的生活。沙利文所指的功能，既包括实用功能，也关注物体的符号学尺度。然而，人们普遍误读了沙利文对于功能的理解，更多地将实用功能等同于功能的概念。"形式追随功能"广泛地应用到现代设计之中，成为"功能主义"设计思潮的主要原则，深刻地影响了当时世界上的各种设计运动，并在米斯·凡·德罗"少即是多"的口号中发挥到极致。由于该口号过分强调功能，将实用与形式对立起来，追求实用功能，抛弃形式，反对装饰，高度理性化，导致了一系列高度理性、机械、冷漠的建筑、产品和平面设计的诞生。当实用成为产品唯一的功能，高度的实用功能进而促成高度的理性形式，并在这一原则的引导下，最终不可避免地导致功能服从单调的形式，反而落入了形式主义的窠臼。

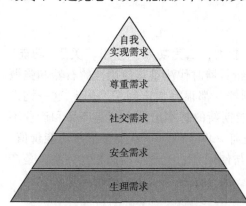

图 3-2　马斯洛理论需求层次

马斯洛理论把人的需求分成生理需求、安全需求、社交需求、尊重需求和自我实现需求5类。依次由较低层次到较高层次，每一个需求层次上的消费者对产品的要求都不一样，从纯粹的实用功能到象征功能，到审美功能，如图3-2所示。

人类的第一层次需求是生理需求，是人们最原始、最基本的需求，即生存需求，此时人们只要求产品具有一般功能即可；第二层次是安全需求，人们在满足了第一需求之后开始关注自身健康，消费者开始关注产品对身体的影响；第三层次是社交需求，也叫爱与归属的需求，是指个人渴望得到家庭、团体、朋友、同事的关怀爱护理解，是对友情、信任、温暖、爱情的需要，消费者关注产品是否有助于提高自己的社交形象；第四层次是尊重需求，消费者渴望使用更加个性、更能彰显自身社会地位和阶级属性的产品获得尊重，消费者关注产品的象征意义；第五层次是自我实现需求，此层次的人对产品有自己的判断标准，对产品提出更高的要求。马斯洛之后又提出人的需求的 7 个层次，即：生理的、安全的、爱与归属的、尊重的、求知的、审美的、自我实现的需求。在尊重与自我实现之间增加了两个层次即求知的需求、审美的需求。

马斯洛的人类需求理论告诉我们，随着人类基本需求的解决，人类越来越倾向于象征、审美等高层次的需求。因此，产品的实用功能虽然十分重要，但功能不尽于此，正如本书章节 2.2.1 所述，工业产品的功能包括 3 个层面，分别是实用功能、审美功能和象征功能。

3.1.1 产品实用功能设计

实用功能是人工物的基本功能，也是其首要属性。从古罗马的维特鲁威提出的"实用、坚固、美观"的建筑设计原则，到现代消费者遵循的"实用、经济、美观"的产品消费守则，都把实用放在了第一位。从某种程度上来说，经济和坚固也是从属于实用功能的。实用功能设计可以包括产品的可用性、可控性、安全性、可维护性和耐用性等。

(1) 可用性

可用性是产品存在的首要因素。如西餐餐具的基本功能是可以将食物切成碎块，并可以把食物放入口中；装饰发夹的基本功能是可以佩戴并有装饰作用；茶壶的基本功能是能够满足储水和倒水的基本需求，茶壶的形态尺度比例将会影响壶的容量和人的使用方式，也是设计时要考虑的重要因素。可用性也包括通用性，即产品是否确保能够服务于更多的社会成员，不论用户的身高、体型和移动能力都可以有效舒适的使用该产品。

(2) 可控性

可控性涉及人体工程学和易用性的研究领域，如很精美的西餐餐具的握持感不舒服，餐勺手柄过于纤细，难以握持；装饰发卡的夹子很容易松动；茶壶壶嘴的开口过大，倒水时容易洒落等问题，消费者在购买时经常会试用产品的可控性，成为是否购买的关键因素。

(3) 安全性

安全性是产品使用过程中的重要因素，产品使用上出现的问题很多时候是由于设计错误，或者设计时没有顾及使用情况导致的。设计师在产品设计概念阶段就要将安全性放在重点位置考虑，设计师常以获取的资料和自己的知识推测使用者的实际需求和使用情况，这是设计师的主观概念。当设计完成时，产品会显示自身的功能和使用方法，这是设计的概念；当使用者接触到产品时，会有自己的理解，这就是使用者的概念。3 种概念不协调时，便容易引起使用不当。如果产品上市后，产品的安全性出现问题，不仅会给企业带来损失，更有可能会给用户带来不可挽救的伤害。如宜家家居(IKEA)的 MALM 马尔姆系列抽屉柜，因重心不稳曾发生多起抽屉柜倾倒意外，导致多名儿童死亡；作为生产工具的工业设备类产品的安全性就更为重要，如园林工人使用的割灌机、绿篱机等设备不仅在使用时有可能出现意外伤害事故，也会因为设备的重量、重心等问题导致使用者发生肌肉骨骼疾患。

(4) 可维护性

当消费者把商品购买回家时，该产品需要怎样维护才可以保持可用、可控、安全和美观？消费者希望对产品的维护尽量简单，如西餐餐具是否能在洗碗机中进行洗涤？木或陶瓷手柄在洗涤过程中是否会发生损毁？洗碗机的自洁功能是否可以信赖？是否还需要定期人工清理？割灌机的刀片和打草绳多久需要更换？燃油箱的清理是否可以由用户自己动手完成？

（5）耐用性

耐用性通常和可维修性一起考虑，产品的技术、材料、工艺等是否让该产品较为耐用，当产品的某些易损件已经达到使用寿命时，该产品是否易于维修？易损件是否容易摘取替换等。

以家用吸尘器为例，从用户的行为程序角度对其使用功能进行分析：

①开机（准备吸尘，插上电，打开开关）；

②对平整的表面吸尘（吸尘的效果、时间、操控性）；

③对平整的地毯吸尘（吸尘的效果、时间、操控性）；

④对起皱的地毯吸尘（吸尘的效果、时间、操控性）；

⑤对门垫吸尘（吸尘的效果、时间、操控性）；

⑥对家具下方的地面吸尘（便利性、适用范围、操控性）；

⑦对家具顶部吸尘（便利性）；

⑧调节吸尘器（更换吸尘头、更换不同长度的吸尘管、调节功率）；

⑨工作环境的行为性（对不同吸尘表面的吸尘特征，推、拉的效果，对家具的保护性等）；

⑩可维护性（更换尘袋）；

⑪工作状态的噪音（对最大功率和最小功率工作状态比较）；

⑫稳定性（主要工作件的操控和配合）。

3.1.2　产品审美功能设计

随着社会的发展、科技的进步及物质的极大丰富，传统评价事物价值的标准得到了极大的延伸和发展，产品功能不再仅仅指实用功能，也包括了审美功能。如章节 2.1.4 所述，工业产品的设计美可以概括为形态美、技术美、功能美、生态美等几个审美范畴，在进行产品设计时不能将这几个范畴割裂。

对于消费者而言，任何呈现在他们面前，表现为一定形态的设计作品，往往都是人类对自然物质进行的主观改造，使之更适应人类的需要，更适合材料和工艺的结果。

作为一个产品，形态是功能的载体，形态由物质材料制成，并具有一定的空间体量，形态不仅承载着实用功能，也承载着审美功能。在一个产品产生之初，产品的形态很大程度上是由技术构成的，而随着技术的进步、产品的发展，整个产品的结构变得紧凑，功能也趋于完善。这时，产品形态就越来越能体现出文化和审美内涵，即产品必须能够给人以亲切感，能使人产生美的感受。

对于工业产品设计师来说，能够通过产品的外在形态唤起人们的审美感受是最基础的工作，具体而言，就是以一定的功能为目的（如实用功能、审美功能、象征功能），以一定的结构、材料和工艺为基础，以对环境、社会的适应为限定条件，将形态要素按照一定的原则实施组合、运动、变化等设计手法。产品的审美功能设计首先必须满足实用功能的要求，并在遵循科学技术规律的前提下，围绕人的适应性，在形式自由度允许的范围内，通过设计作品的形态来表现审美意识。如水杯的设计，其主要功能为能让人把持的饮用水容器。确定功能后，围绕着人体的尺度和使用的方式，可能会产生使用不同耐热材质、不同结构的各种形态，这便为设计师进行审美创造提供了一定的自由空间。当然，这里还要注意设计作品所面对的使用人群的生理、心理特点，才能展开自由的审美创造。

产品的审美功能并非只是单纯地创造让人感受得到的视觉愉悦，也绝非是对设计作品外观的装饰和美化。产品的设计美要围绕着"和谐"展开，其中既有通过形式与内容的统一性，即从合目的性、合规律性等方面，展示设计作品形式与内容的和谐的形式美、功能美和技术美，也有表现人与自然、人与人之间的和谐的生态美。

本书第 4 章将重点讨论产品的形态设计问题。

3.1.3　产品象征功能设计

正如法国著名贸易学家皮埃尔·杰罗斯所说："在很多情况下，人们并不是购买具体的物品，而是在寻求潮流、青春和成功的象征。"也就是说产品还承担着传达信息、满足精神象征的作用。产品的象征功能理论在 1983 年被 Klaus Krippendorf 和 Reinhart Butter 定义为"产品语义学"，在工业设计专业的后续课程中会有详细讲述。

产品传达信息的功能（产品语义）主要由产品的形态（包括形状、材料、结构、色彩、质感等视觉语言）达成的。产品形态作为一种符号，其本身就是信息的载体，通过对人的视觉、触觉、味觉、听觉等感官的刺激，传递信息或引起人对以往经验进行联想和回忆，并通过对各种视觉符号进行编码，综合造型、色彩、肌理等视觉要素，使人工物的形态能够被人理解，引导人们正确使用。产品所表现出来的语义象征功能，主要体现在 3 个层面：首先是通过形态提示物品的使用方式；其次是通过形态表示具体物品的文化和品牌含义；最后是通过形态传达一定的精神象征。尽管符号象征功能与审美功能同属于精神方面的功能，但二者是有区别的：人在认知时，将感知和概念相联系，做出逻辑性思维和判断；处于审美状态时，人是由感知直接唤起情感体验，并排除功能考虑，在社会心理过程实现的。象征功能以视觉愉悦为目标；审美功能以归属感、高贵感、尊敬感、自豪感、荣耀感、地位感、时尚感、稀缺性、炫耀性、纪念性为目标，对象征功能的需求在马斯洛的需要层次理论中处于较高层次。在经济学中，马歇尔认为自豪感欲望在经济活动中有至关重要的地位。在《经济学原理》中，马歇尔几乎用了整整一篇的内容论述了自豪感欲望在消费理论以及整个经济学中的地位。

一般来说，具有某种象征意义的产品与使用者的沟通，不仅仅局限于简单的机能式的生理沟通，而更强调产品与人的情感交流和对话。消费者在选择商品时，不再满足于单一的实用性，在某种程度上会被时尚、个性、文化、经济状况所左右，产品成为一种象征符号。使用者往往通过联想，在自己的符号储备中寻找共鸣，挖掘具有象征意义的元素，寻求精神价值的满足。

如汽车的实用功能就是代步，亨利·福特在设计第一辆汽车的时候，只是想要改变传统的步行和马车等原始的交通方式，简陋的"T"型车很好地完成了这个设计目的，达到了以汽车代步的功能。还因为它功能单一且价格低廉，几乎每一个美国家庭，甚至每一个美国人都买得起。从而以实用性占据了美国汽车市场的 1/2。如 20 世纪二三十年代的福特"T"型车几乎只是把马换成了发动机。通用为了和福特竞争，开始设计色彩靓丽、流线外观的汽车，设计师哈莱·厄尔开创了一种低底板、高尾鳍的奢华风格，引领了 20 世纪 50 年代的美国社会汽车设计风潮，当厄尔创造的高尾鳍车尾出现在凯迪拉克和克尔维特的车型上时，大受市场欢迎。完全颠覆了福特一成不变的黑色、单一的"T"型，成为上流社会身份和地位的象征，从而完美地获得了自己的消费群体。福特为了和通用竞争高端市场，在 50 年代推出的雷鸟也采用了那时流行的高尾鳍、流线型车型。以期分得高端车型市场的一杯羹。如高尾鳍、流线型、大车身、镀铬装饰是这一时期高端汽车的典型特征。到了 70 年代，代表奢华主义的高尾鳍汽车连同美国人引以为豪的大车身、镀铬装饰以及大排量发动机都随着石油危机的到来从历史舞台中淡出。但是汽车的符号象征功能却一直保留至今，如今的消费者在购买汽车的时候依然会考虑目标车型是否能够彰显身份、表达个性，只不过消费者在追求符号象征时不再只单一的追求高贵、成功、卓越等表层含义，也会考虑环保、可持续等更深层次的社会价值的符号释义。

3.2 产品功能设计方法

3.2.1 功能分析法

功能分析法是一种分析现有产品或概念产品的功能结构的方法，主要针对产品的实用功能。它可以帮助设计师分析产品的预定功能，并将功能和与之相关的各个零部件（也称产品的"器官"）相联系。成功的功能分析可以帮助设计师寻找新的设计创意，从而在新的产品或设计概念中具体实现特定的功能。

> *** 功能分析法**
>
> 功能分析通常运用在产生创意的起始阶段。在分析过程中，设计师需要将产品或设计概念通过功能和子功能的形式进行描述，此时通常会忽略产品的物质特性（如形状、尺寸和材料）。其目的是将有限的基本功能进一步抽象化，从而建立出产品功能体系。如此强制性的抽象思考可以激发出更强的创造力，同时能避免设计师直接寻找解决方案，即直接利用大脑中的第一反应得到解决方案，因为设计师的第一反应多半不是最好的。功能分析强制性的拉远设计师与已知产品和部件之间的距离，以便设计师能专注地思考以下问题：新的产品需要实现什么功能？怎样才能实现？据此，设计师会更容易找到创造性的突破并得出许多非传统性的解决方案。如图 3-3 所示为某户外品牌公司为开发新产品做的功能分析系统图，如图 3-4 所示为学生从功能的 3 个层面对图书馆自助借阅机进行了功能分析。
>
> 如何使用：在功能分析中，产品被视为一个包含主功能及其子功能的科技物理系统，因为产品通常是由承载各个子功能的"器官"组成的。设计师可以通过选择合理的部件形式、材料及结构来实现产品的子功能及整体功能。功能分析秉承这样的原则：首先确定产品应该具备哪些主功能，然后推断出该产品所需的各部件（即设计师将要开发的内容）

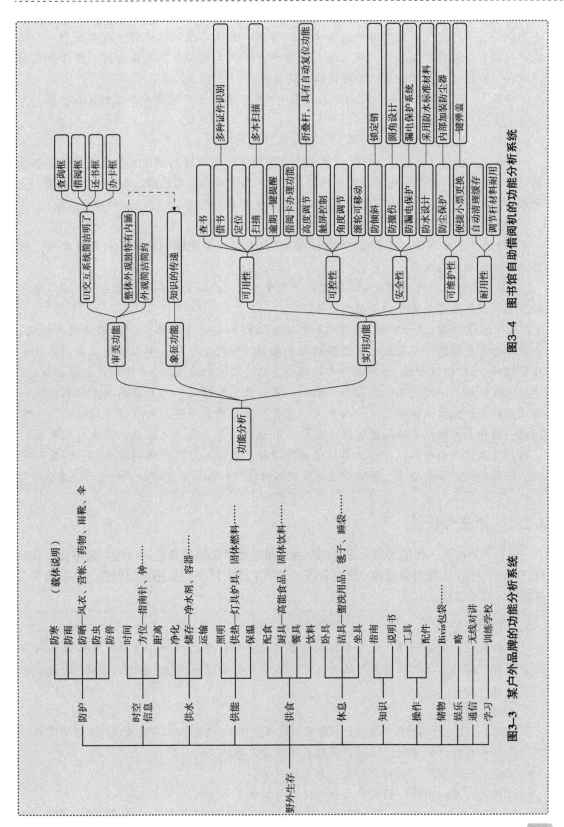

图3-4 图书馆自助借阅机的功能分析系统

图3-3 某户外品牌的功能分析系统

应承载哪些子功能。开发产品功能体系的过程是一个循环迭代的过程。在实践中，当然也可以从分析现有产品入手，或从绘制解决方案大纲草案入手。无论如何，值得注意的是在分析的过程中尽可能将这个功能体系抽象化。

步骤1：用黑盒子的形式描绘产品的主要功能。如果还不能确定产品的主要功能，可以先跳至下一步。

步骤2：列出产品子功能清单。可以从流程树入手。

步骤3：面对复杂的产品，设计师可能需要理清产品功能结构图。整理结构时可以遵循以下3个原则：按时间顺序排列所有功能；联系各个功能所需的输入和输出（如物质、能源和信息流等）；将功能按不同等级进行归纳（如主功能、子功能、子功能的子功能等）。

步骤4：整理并描绘功能结构。

（1）补充并添加一些容易被忽略的"辅助"功能，并推测该功能结构的各种变化，最终选定最佳的功能结构。

（2）功能结构的变化样式可以依据以下变量推测：产品系统界限的改变，子功能顺序的变换，拆分或合并其中的某些功能等。

要点：①功能（或子功能）通常用一个行为（动词）加一个对象（名词）的方式来描述，如镜子的主要功能——反光，变压器的主要功能——改变电压，割灌机的主要功能——修剪植物；②"快速行驶"并不是汽车的功能，它是由司机决定的，"能使司机快速行驶"这样的表述用来描绘汽车的功能会更贴切；③如果已经得出一个产品的功能结构，建议在此基础上衍生出多种功能结构的变式；④有些子功能几乎遍及所有设计问题，因此掌握好一些基本功能元素的知识有助于设计师快速找到产品的特定功能；⑤块状框架图的排列应遵循便利的原则，可用简单的信息图标辅助表达，分不同的功能类别，如常用功能、辅助功能、多余功能、预防功能以及技术功能等；⑥尽量使用视觉化图形来表达。

3.2.2 语意分析法

语意分析法是一种能够帮助设计师明确产品设计对象象征角色的方法，能够让设计师充分考虑到产品的使用情境和文化背景等，遵循了从大到小、从感性到理性、从抽象到具体的设计思考过程。

*语意分析法

与任何设计方法一样，语意分析的首要目标是确认传达目标，在确定具体传达内容后再围绕产品的象征性功能进行思维发散，语意分析法可以结合"类比与隐喻"的设计手段完成设计任务。

如何使用：

步骤1：设定产品的使用情境，具体实施过程中可以分别针对以下要素进行合理的设定。

①用户目标群的确定　明确产品的具体用户是谁。

②使用目的确定　明确产品是用来干什么的。

③使用方式的确定　明确产品如何使用与操作。

④具体使用环境、空间关系的确定 不同环境对产品形态语意的需求也不同，如办公环境与家居环境就需要不同的家具产品和造型语意。

⑤文化背景的确定(涉及地域、风俗、文化、宗教信仰等)。

步骤2：设定产品的角色。根据设定好的使用情境，从中提取产品角色，探讨产品固有的角色及其在所处环境内应有的地位及象征。

①产品的固有角色 也称自然角色，可根据产品自身机能及其使用行为来确定。

②产品的象征角色 也称社会角色，可从产品所处的周围物、社会、自然环境、风俗、习惯等来获取。

步骤3：诠释产品的双重角色，兼顾产品的固有角色和象征角色，使二者恰如其分地关联，将产品抽象的语意属性，通过明确、具体的产品形态加以转化重构。最终使产品与人的沟通变得简单、直接。

步骤4：对产品概念方案进行综合评估。

要点：①用户目标群最好是具有相同需求和欲望的客户群，这样各因素才较统一，更利于把握其一定范围内的意象诠释。②在本方法中文化背景的确定特别重要，只有明确了特定社会、特定时代、特定环境、特定条件、特定时间范畴内的"人"，才能对这样一种非常具体的人的需求、行为、心理等做更好地诠释。③最后的综合评估中，要重点评估产品符号的象征性是否与步骤1中明确的要素有悖。

3.3 关注用户需求的产品功能设计

3.3.1 日用品设计

日用品一般是指和人们日常生活有关的产品，几乎涵盖了衣食住行、休闲娱乐各个方面，且随着社会的改变和消费者对待生活方式的不断变化，日用品的范围和种类也在不断地增加和变化，所以定义上还具有一定的拓展性。日用品再设计是指通过洞察普通人在日常生活中的显性和隐性需求，提出对日用品的功能、结构、外观及工艺的设计解决方案。本节内容更侧重日用品的功能设计。

日用品分类可以分为以下几类：

①家电类 大家电有电视、冰箱、空调等；小家电有插排、移动电源、台灯等。

②家具类 沙发、餐桌、椅子等。

③厨(餐)具类 微波炉、锅、水杯、茶壶等。

④卫浴类 浴室柜、淋浴头等。

⑤清洁用品 扫把、拖布、香皂盒等。

⑥装饰用品 小摆件、花盆等。

⑦文化用品 笔、纸张、尺子等。

消费者在日常生活中有着各种各样的需求，虽然每一种产品都有其特定功能来满足人们的需求。但是在这个人造物极其充沛的社会中，有些产品被过度设计，有些需求被过度满足，却也不乏被设计师忽略的消费者需求。有时候一款产品，解决了一种需求，却带来了新的问题，带来了需要设计师关注的新需求。关注消费者的日常生活，尝试解决和满足消费者生活中的产品需求，是设计师的职责所在，也是很多知名设计师的乐趣所在。

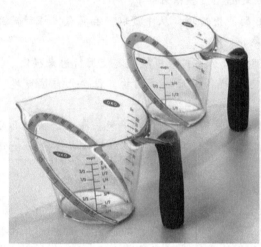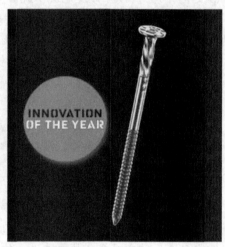

图 3-5 刻度斜置量杯(左)和 HurriQuake 钉子(右)

图 3-5(左)为 Bang Zoom Design 和 Smart Design 为 OXO 设计的刻度斜置量杯，在设计初期，OXO 公司找了大量用户进行用户访谈，用户对厨房量杯提出了很多显性需求：如"量杯是玻璃制造的，如果掉下就会打碎；当手油腻时，量杯会很滑；当加热东西时，它会发烫"等。OXO 公司为了继续洞察用户的隐性需求，对用户使用量杯的过程进行了观察，发现用户把东西倒入量杯，弯下身子观察，再倒入一点，再弯下身子观察。这样的行为需要进行 4~5次，却没有一个人将此作为问题提出，因为这是已被用户接受的计量过程的一部分。OXO 公司认为这是一个显而易见的低效行为，在产品设计中，将其列入了需要解决的用户需求清单。

在最终的设计成品中，量杯的造型是功能化的，但是看着有点乱，与 OXO 公司的其他产品相比很不起眼。最关键的创新和引人注目之处是在通常用来显示计量单位的量杯内壁插入了一块成角度的椭圆形斜板。这样便于使用者从上部测量体积，减少了视差，消除了通常为了获得精确测量所伴随的上上下下的观察动作。这一创新也是有代价的，斜板会妨碍杯内液体的搅动，当没有保持完全水平的情况下，还会增大误差。但是这些问题都由于量杯易用性上的显著改善而显得无足轻重。手柄牢固，便于抓握，延伸至整个杯子的高度；它具有足够的握持面积，当放下杯子时，还可用来支撑量杯。手柄用一个符合人体工程学的拇指压痕状的凹面与杯子相连接，它的大小和质地令使用者可以完美地控制量杯的倾倒，并减少打滑。

图 3-5(右)是 Ed Sutt 和史丹利公司在 2005 年设计的 HurriQuake 钉子，设计师在设计之前对用户和使用情境进行了深度的调研和了解。钉子的功能是足够紧密的连接结构，几乎所有现代建筑装修的基础都是用钉子将木头连接起来的，如果接合处的木料或者钉子出了问题，那么整个结构就会出问题。因此设计的关键就在于找寻薄弱环节：传统钉子下半部分的环状纹造成的一个问题是钉出来的洞会增大，这会使钉子的上部钉得不够紧，HurriQuake 钉子杆部的直径略大，能填满空隙，加强连接，还能使钉子得到加固从而不易被拦腰截断，这在地震时非常有效。而额外的抗剪性则得益于它所采用的金属材料方面的改

进，碳合金钢的质地使它刚柔并济。另外，HurriQuake钉子的钉帽比普通钉子大1/4，可以减少钉帽穿过木头被拉脱出来的现象。同时，在钉帽的下方，螺旋状的沟纹减缓了钉入时最后那刻钉子进入的速度，从而降低了钉子钉入木头过深的情况，还能用来拧紧钉子。钉子的下部满是环状纹，这也是它最主要的视觉特征。环状纹呈单向倒钩状，钉进去容易拔出来难，解决了钉子容易被拉出来的问题。

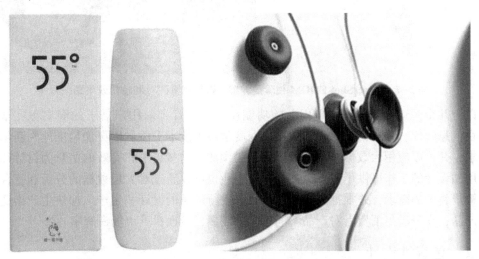

图3-6　55℃恒温水杯(左)和海龟集线盆(右)

图3-6(左)是洛可可公司于2015年推出的55℃恒温水杯，设计师贾伟经历了女儿被杯中开水烫伤的意外经历，洞察到消费者对于及时喝到温水的用户需求，决定开发一款具有快速降温功能的水杯。这款水杯的特殊功能是将100℃的开水倒入杯中，大约摇1min，能够快速降温至人体可饮用的55℃左右温水。杯子采用的是相变金属填充于内部导热层与外部隔热层之间，热水通过导热层将热量释放至相变金属，相变金属快速吸热并熔化，热水温度迅速降低。随后，热水降温时，相变金属凝固放热，此热量可长时间保持热水的温度于相变金属的熔点附近，达到保温效果。

图3-6(右)是荷兰设计师扬·胡克斯Hoekstra设计的海龟集线盆，设计师洞察到当代人拥有越来越多的电器，杂乱电线整理的问题成了很多人难以忍受的痛点。这款获得多项奖项的海龟集线盆的唯一实用功能就是收纳电线，产品由两片聚丙烯半球形外壳与中心处的连接件构成，外壳翻开后，电线能如同悠悠球般被缠绕在连接件上，当电线缠绕到一定长度后，使用者便可以翻下有弹性的外壳，并且将电线调整至分布于两侧的开口处，这样电线就能顺畅地被引出它柔软的甜甜圈形壳体。另外，此产品极富手感的造型活泼有趣且使人着迷，审美功能和象征功能都十分突出，完全超越了传统保守的办公室设计，成了很多突出"办公氛围轻松有趣"公司的符号性小工具。它采用回收塑料制成，并且有9种鲜艳的色彩可供选择，这件简洁、直观的设计认为是当代设计的经典作品。

图3-7(左)为佳能公司推出的PowerShot ZOOM袖珍型伸缩式数码相机，这款产品适合想要观察和拍摄远处物体的人们使用，获得了2021年iF最佳产品设计大奖，据说这款产品一经推出，用户就产生"为什么以前不存在这种设计?"的问题。使用效果如图3-7(右)所示，佳能PowerShot ZOOM将望远镜和照相机合二为一，开辟了摄影和自然观察的全新领域。

图 3-7　PowerShot ZOOM 袖珍型伸缩式数码相机(左)和使用效果图(右)

以上几个例子可以说明，日用品的功能设计与设计师对用户需求的洞察程度紧密相关。在信息时代，通过云计算、大数据、深度学习等技术手段可以更加精准地判断掌握用户需求，并可以应用大数据技术进行公众趋势预测。这些集中和有效的信息为设计师在进行日用品设计的工作提供了更有力的依据，企业也可以通过对大量数据的分析和整合来全面了解消费者的需求，并根据消费者的需要来进行产品的设计和生产，加快生产出适销对路的产品，充分满足消费者对产品不同功能的需要，全面提升市场占有率。

3.3.2　包容性设计

设计应该让每一个人的生活更美好。但事实上，所有产品都会排斥一些用户的使用，虽然往往不是故意而为之，这之中包括老年人、残疾人、经济弱势群体等。关注那些被忽视的社会群体的需求，不仅仅是社会的期望，也是真正的商业机会以及所有设计师应具有的责任。

包容性设计是一种不需适应和特别设计，而使主流产品和服务能为尽可能多的用户所使用的设计方法和过程。随着社会多样性的发展，包容性设计理念逐步引起广泛的重视，其实践更是渗透到人们日常生活中的各个领域。关注和认识到生活中所受到的排斥，是做包容性设计的重要原因。

包容性设计理论的发展有浓厚的工程学基础，最初的理论发展是在英国工程和物质科学研究理事会的资助下推进的。剑桥大学工程设计中心是包容性发展的主要阵地。研究者从工程学的视角关注到某些弱势群体的用户需求出发，开发了一系列的包容性设计工具，其中包含限制手部灵活度的装置和影响视力的眼镜，帮助设计师感受关节炎患者或有视觉障碍的人使用产品的体验。早期的包容性设计项目主要关注产品的工程学问题，如包装的可开启性，这些研究成果被成功应用于乔丹牙刷和雀巢巧克力包装上，并帮助企业获得了巨大成功。

人机工程学是包容性设计重要的学科基础。瑞典人机工程小组基于人的能力分层提出了"用户金字塔模型"。处于金字塔底层的是身体健全者或轻微残障者，处于金字塔中层是由于疾病或严重的器官衰退引起的身体机能(身体力量或行动能力)下降的用户，而处于金字塔顶端的则是那些身体严重残障，日常生活需要照料的用户。"用户金字塔模型"倡导在设计过程中考虑金字塔顶端的那些严重失能者，而处于金字塔中层和底端的人会自然而然被包容进来。英国皇家艺术学院的海伦·哈姆林中心从用户的能力出发绘制了一幅包容性靶心图。该图由5个不同的环形构成，从靶心向外扩展分别是能力受限程度依次增加的中年男性、女性、负重或拉行李的人、带儿童的妇女、儿童、老人及孕妇、推婴儿车的人、坐轮椅的人及盲人。通过这一靶心图，研究者呼吁企业和设计师把设计关注点从靶心扩展到外环那些能力受限的人（图3-8）。

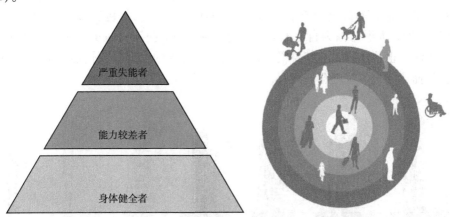

图3-8　用户金字塔模型(左)和包容性靶心图(右)

　　包容性设计的重点就在于洞察到不同用户的真正需求与设计尺度。在设计过程中，设计师应当利用实际工具或软件系统模拟不同用户使用产品的能力程度，以及与产品的交互过程(图3-9)。如使用手套或运动支撑来降低敏感性或移动性，或在眼镜上涂上机油来模拟失去视觉用户的感受。设计师利用能力模拟与实际或潜在的用户产生共鸣的方法，简单且成本低，可以应用于设计过程的任何阶段，帮助设计师解决各种实际与认知问题。当然，在设计过程中，除了模拟用户，还可以"与"用户一起设计，即邀请用户参与设计会更容易帮助产品获得成功。

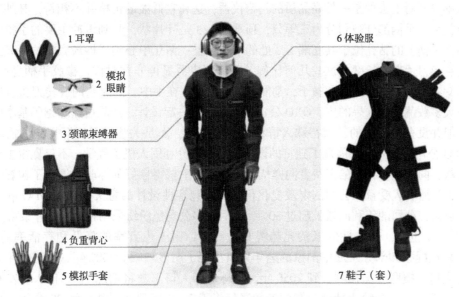

图3-9　同济大学包容性设计研究中心的包容性设计

图 3-10 为 OXO 公司的 Good Grips 削皮器，这是完整地使用包容性设计原则最早获得商业成功的典型案例。OXO 的创始人 Sam Farber 因妻子患有关节炎而不便使用削皮器，他突然产生了设计这款削皮器的灵感。这也促成了他和 Smart Design 总裁 David Stowell 之间关于常用厨具产品缺陷的一次长谈，这次讨论后所设计出的削皮器获得了极大的商业成功，并受到了评论界的高度赞誉，与此同时 OXO 公司也成了包容性设计的先驱。Davin Stowell 说："没有人愿意因为自己有特殊需求而被区别对待，Good Grips 削皮器运用包容性设计的手法，也让那些没有特殊需求的人获得了意外的惊喜。我们通过设计来与人们进行沟通，从而让我们更好地理解产品。"

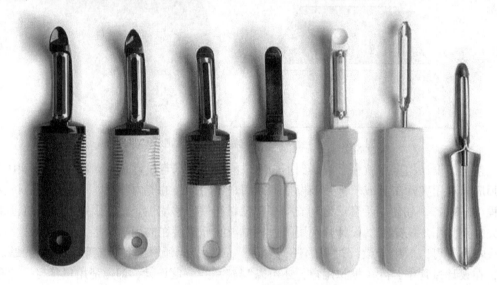

图 3-10　Good Grips 系列削皮器

该削皮器看上去像是一件高品质的精密仪器，这和它低廉的价格并不相符，其外形充满了几何关系，手柄部分被划分为三等分，顶端的 1/3 是叶片状，起到缓冲主要的手指受力点的作用；手柄上的钻孔位于其底端 1/3 处的中心位置；钻孔中心到手柄最底端的距离正好是削皮器拱形刀片套的长度。这些几何比例关系使削皮器显得非常对称。橡胶手柄是通用的，无论男女老少，左撇子还是右撇子，都能将它舒适地握在手中，同时它的旋转刀头也能快速地削掉大多数蔬菜和水果的皮。OXO 公司提倡与用户一起设计，产品虽然超越了基本的功能属性，但并没有将传统的、为特殊人群设计作为核心，而是关注满足实际用户的需求和体验。OXO 公司的系列产品展现了独特的设计风格，充分利用人机工程学，不仅赢得主流消费者的喜欢，同时也让特殊的消费者同样从产品的使用中获得良好的体验，展现了包容性设计的特征，让所有人受益。公司的财政变化再次印证包容性设计的意义，自 Good Grip 系列产品问世以来，公司的年利润增长超过 30%，随后许多公司也纷纷采用相似的设计策略。

进入 21 世纪，全球性的老龄化趋势日益凸显，由于生育率的降低和存活率的提升，大部分发达国家和部分发展中国家的老年人口出现了明显增幅。2002 年，全球老年人数量为 6 亿人口。据联合国预测，到 2050 年，全球老年人口总数将增加到 20 亿人口左右。中国目前已进入人口老龄化社会，我国老龄高峰将于 2030 年到来，并持续 20 余年，预计到 2050 年前后，我国老年人口数量将达到 4.87 亿人口，占总人口数的 30.7%。未来中国将成为老龄人口绝对数最多的国家和人口老龄化速度最快的国家之一。人口统计学的变化对于企业的新产品开发具有深远的影响，并值得设计师关注与研究。在过去的十多年里，社会已经开始不同程度地关注老年人与残疾人，摒弃过去将他们视为特殊群体的观念，取而代之的是新的、公平的社会态度，以更多包容性的方法来设计建筑、产品和服务，从而将日常生活中的弱势群体与主流群体平等对待。

很多设计师通过积极的形象塑造，弥合了主流文化中以年龄为产品划分的分界，通过设计的符号生产功能对抗这些传统定式，打破以"疾病""退化"为标签的设计话语，促进老年人符号资本向社会资本等其他形式资本的有效转化，扩展老年人在社会中的行动和参与空间。英国皇家艺术学院海伦哈姆林设计中心策划了一个主题为"新老龄：为我们的未来而设计"的展览，展示了设计如何创造性地改变公众对老年人的刻板印象。图 3-11 为该展览中由 Priestman Goode 公司设计的滑板车，结合了拉杆包的功能。受刻板印象的影响，老年人很少使用滑板车。这一设计不仅支持老年人的日常出行，同时鼓励老年人保持活跃。因此，产品的开发基于跨年龄设计的考虑，创造了一款整个生命周期都可以使用的产品。可选择的电动模式给行动不便的老年人提供了更多支持，3 个轮子的设计增加了稳定性，拉杆包满足了老年人购物的需求。此外，更为重要的突破是该滑板车在形象识别上打破了人们对老年产品的刻板印象，用更时尚的造型和更丰富的色彩积极建构了老年产品的新形象。

图 3-11　Priestman Goode 公司
设计的滑板车

作　业

1. 思考设计师应当如何结合马斯洛理论需求层次进行产品设计？

2. 请结合第 2 章的课后思考题，进一步画出图书馆自助借还图书机的功能分析框架图。

3. 谈一谈你对包容性设计的理解。

4 工业产品设计形态

内容简介

本章以构成法则为原点，探讨了如何创造"美"的形态，介绍了形态设计的方法与步骤以及如何开展形态仿生设计。

教学目标

本章要求学生能够根据基础形态的构成方法和人们的形态心理与视觉感受正确认知产品形态，初步掌握形态设计的方法与步骤，掌握产品形态仿生设计的方法，具备根据产品功能、使用者等多重角度综合塑造产品形态美的能力。

4.1 从构成到产品

形态设计是工业产品设计的重要内容，任何客观的事物都以各自的形态存在，产品也不例外。好的形态能够给人们带来审美享受，创造美的产品形态是工业设计师的主要工作内容。如图 4-1 所示，企业工业设计的外观部门通常设有形态设计和 CMF（Color 色彩、Material 材料、Finishing 表面处理工艺）两个分支，其中，形态设计在 CMF 设计之前，偏向于如何通过单纯的产品形态创造更多的可能性。形态是产品的功能、信息的载体，设计师使用特定的造型方法进行产品的形态设计，在产品中注入自己对形态的理解，使用者则

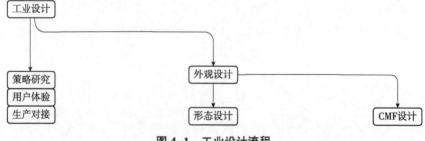

图 4-1 工业设计流程

通过形态来选择产品，继而获得产品的使用价值，所以形态是设计师、使用者和产品三者建立关系的一个媒介，形态设计在工业产品设计中有着举足轻重的作用。

工业设计专业低年级开设的构成类课程是将形态本身当作鉴赏对象来研究，探讨形态所具有的共性特征，是一种没有明确目的的纯粹的形态创造，而产品设计是一种"有目的的构成"，它是从功能和使用的角度来确定形态的，带有很强的目的性，因而这两者之间存在着很大的差异，设计师在开始设计工业产品时，一定要将形态构成要素和形态构成方法与产品的功能、结构、材料、人机、装配等要素综合考虑。

4.1.1 产品基础形态

(1)点

在设计中的点，是具有一定的形体的。线的端点或交叉，必然构成点，所以相对小单位的线或小直径的球，被认为是最典型的点。只要形体与周围其他造型要素比较时具有凝聚视觉的作用，都可以称为点。点的另一个特性是可以通过对视线的吸引而导致心理的张力。即当只有一个点时，人的注意力便会完全集中在这个点之上；如果有两个相等的点同时存在于一个画面时，视线将会在这两点之间来回反复，而在心理上将产生一条线的感觉。如果同时并存于同一空间的两个点大小不相等时，视觉方向常常根据由大到小或由近而远的顺序，在心理上产生移动的感觉。当同一个空间有 3 个以上的点同时存在时，就会在点的围合内产生虚面的感觉。点的数量越多，周围的间隔也就越短，面的感觉越强。同时，大小不同的一群点聚集在一起会产生动的感觉，当很多点是同样大小时，则有相对静止的面的感觉。

点在产品造型中的应用往往以按钮、出气孔、指示灯、Logo、防滑点等形式出现，兼具功能和装饰特性。通过排布形成大小、形状和颜色的对比，点可以形成不同的视觉效果。图 4-2(左)为意大利设计大师乔治亚罗设计的矿泉水瓶。瓶身的上部分布了水滴状的凸点，在功能上起到了防滑的作用。同时当矿泉水从冰箱取出时，冷凝的水滴附在瓶身上，真假水珠交互排列，在阳光照射下产生了独特的视觉效果。

图 4-2(右)为小米 AI 音箱，音箱四周都具有点状的扬声孔，这些孔洞通过错落有致地排列，凸显产品的技术美和设计美。在进行音箱类产品和空气净化类产品的设计时，可

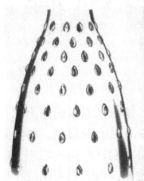

图 4-2　乔治亚罗设计的矿泉水瓶(左)和小米 AI 音箱(右)

以发现扬声孔和出气孔多为点构成，设计中可以注意形状规则、形状不规则、规律排列和不规律排列分别展现的韵律感。

（2）线

当形体的某一方向的尺度远大于其他两个方向时，人们就将它称为线，同时面的转折和边界也给人以线的感觉，形成消极的线。线是一切形态的代表和基础，一切形态都有线，在很多情况下，人们就是依据线来认识、界定形体的，人们对形态的把握，在很大程度上，是依靠对轮廓线的提炼而获得的。线的表现力最丰富，它是形态要素中最为重要的，很多艺术形态，都以线作为主要表现手段，参照几何学上的概念，人们也可以认为，线是由内在的点运动所产生的，因此点运动的速度、强弱和方向也影响着线的表现力。如点的运动速度快，强度大，加之方向发生变化而形成的线饱满而有张力；点的运动速度慢，强度弱，则容易形成感觉柔软的线。点的运动方向发生变化的，则形成曲线；方向不变的，则形成直线。从视觉心理上看，直线给人以单纯、明确、刚硬、理智并具有男性化的印象；曲线则给人以优雅、圆滑、柔软、抒情及女性化的感觉。线的粗细变化对线的表现力有很大的影响。一条细的线能表现出锐利、敏感而快速的效果；一条粗的线则能显示出刚强、稳健而迟缓的特质。对于同一条线，线的粗细的变化，能够体现出内在运动的韵律感，具有很强的表现力。

在产品造型设计中，线可以以形体轮廓线、分模线、面面交线的形式存在，以线为主，形成的造型空间较为通透。运用线条进行造型设计时，一定要注意整体的流畅性和彼此的呼应。图4-3（左）中康斯坦丁设计制作的一号椅，纤细的直线条几何结构给人一种科幻电影的观感；图4-3（右）中的茶几同样是通过纤细的直线进行造型，将产品的体块感削弱，传达出轻巧、优雅的产品气质。

图4-3 一号椅（左）和茶几（右）

（3）面

在三维形态中，一个维度的尺度远小于另外两个维度的形体给人们以面的感觉。由于面是由边界的线所限定的，所以面的边界线的形态对面的表现有很大的影响，也就是面同时综合了线的表现。面分为平面和曲面两大类，平面具有平整、刚硬、简洁之感，曲面具有起伏、柔软、温和、富有弹性和动感的特点。作为设计中的面，由于具有厚度，所以两个侧面的形态可以有所变化，更加丰富了面的表现力。

面的情感含义是轻薄而具有延伸感，面是线与体的综合体，介于线材与块材之间。对面的观察的视觉方向的不同，会产生不同的感觉，面的边界可为线，平顺面的突变可为线，面上的条状突出及槽都会呈现线的特征，而非边界的连续的面却给人以体的印象。所以，对于面的形态，如果处理得当的话，就能使人产生既轻盈又充实的感觉。

图 4-4(左)的多士炉采用了以整片的曲面来覆盖产品的主体，造型简约，整体感强，指示灯和旋钮为依托在面上的"点"，曲面的边缘为流畅的半圆形，点、线、面的构成排列有较强的视觉美感。图 4-4(右)的潘顿椅用流动的面构成了设计史上最为经典的有机造型，靠背、椅面和底座融合，造型复杂却自洽。

图 4-4　多士炉(左)和潘顿椅(右)

（4）方体

人们将占据一定空间的、形体的三个维度的尺度都相对较大的形态称为体。体有实心体与空心体两种。实心体是内实块体，空心体则是被面包围所构成的体。由面包围成的封闭的空心体，其外观与实心的块体没有区别，但人们在理解、构思时，可由面的拼接或块体的切割来考虑。一般来说，由面构成的非封闭的形体，如果它的开口相对较小，人们也将它看作体。方体作为一种最基本的形体，可传递出稳定、规矩、平和、安全之感，广泛应用在电子产品、家电、大型设备等类别中。对方体形态的演变是产品造型设计的基本功。

对方体的棱边进行切割、倒角、收缩等处理，都会使方体传达出不同的语意特征。图 4-5 为两款以方体为造型元素的便携式投影仪，左图的直边设计传递了硬朗、商务的产品语意；右图的倒角处理让产品呈现出方中带圆的特征，倒角圆边形成了一个圆滑曲面，投影镜头采用了凹面内陷造型，点状扬声孔均匀排布构成"虚面"，丰富了该产品的形态语言。

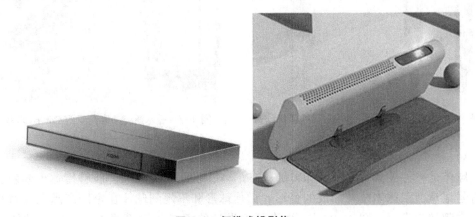

图 4-5　便携式投影仪

（5）柱体

柱体可分为圆柱和棱柱。圆柱是一个将圆垂直放样而成的形体，而棱柱是由多边形垂直放样而成。圆柱比方体柔和，常应用在家具、家居产品的造型设计中；棱柱形态更为硬朗冷峻，常用于硬边主义的造型风格。在实际设计中，很少将标准的圆柱或棱柱直接使用在产品造型中，而是经过形体的演化而形成丰富的产品造型。如图4-6（左）的戴森吹风机，风筒处将圆柱体端面局部收窄，既是为了与各种形状风嘴组合使用，又丰富了产品造型，红色的后盖面板倾斜内陷，凸显戴森吹风机的轻巧感和时尚感。图4-6（右）的飞利浦吹风机，圆柱体风筒的中部膨胀成鼓形，圆柱体表层包裹的曲面运用了空间曲线切割的方式，使风筒分为了内外两层，这种给产品表面进行分层处理的方式，在小家电和数码产品的设计中较为常用。

（6）锥体

锥体可分为圆锥及棱锥，棱锥比棱柱更具变化性，个性更强，更为尖锐，更具危险性。圆锥比圆柱更具动感，更具个性，更具进攻性。锥体正置时形态具有稳定感；倒置时则极度不稳定，这种不稳定的视觉力感在产品设计中可以被有效利用。

锥体形状在香水瓶设计中颇为常用，如图4-7（左）所示，多棱造型结合厚玻璃材质，会产生较强烈的光影效果，能够更好地传达出香水品牌的奢华感。

图4-7（右）的阿莱西Conico水壶如同阿尔多·罗西（Aldo Rossi）的建筑一样，以有趣的方式强调基本的几何形体。圆锥形的造型很简洁，从正面看其外轮廓是一个等边三角形；壶盖使水壶的圆锥造型变得更具完整性，干净利落地坐在壶身正上方；在壶盖顶点的正中心处是一个小球，使得壶盖看起来像戴了顶帽子，也显示出这是除了手柄之外唯一可以抓握的地方；壶嘴呈一个很小的三角形，虽然与壶身相比显得不成比例，但却产生美的视觉效果。

图4-6　戴森吹风机（左）和飞利浦吹风机（右）　　　　图4-7　香水瓶（左）和阿莱西Conico水壶（右）

（7）球体

球体是一种极具动感和亲和力的基本形体，表面光滑柔和，能够传达出温馨、可爱的符号语意，由球体拉伸而成的蛋形、橄榄球形和不规则球体在家居产品和儿童小家电产品中都较为常用。图4-8（左）为洛可可设计的智伴儿童机器人，机器人整体呈椭球形，同时加入"小翅膀"和头"触角"的仿生元素，凸显该产品是针对儿童用户群的科技

类产品。图 4-8(右)为彼得·吉齐设计
的花园蛋椅，椅子在折叠状态下为蛋形，
圆形塑料外壳有着流畅的曲线，外壳的一
部分可以翻开作为椅背，这款座椅因其圆
润光滑的蛋形外观和材料工艺成了太空时
代的经典设计，一经问世就一炮而红，受
到了公众的追捧，成了代表 20 世纪 60 年
代设计风格的标志性产品之一。

图 4-8　智伴儿童机器人(左)和花园蛋椅(右)

4.1.2　基础形态构成方法

(1)构建

针对同一个投影视图，可以生成无数个不同的立体与空间形态；对于一个立体与
空间形态，如果只限定一个空间范围，即使不考虑材料等因素，也有无数种生成方
式，它们的形态与构成方式各不相同，呈现出无穷的变化与可能。球体是灯具设计中
经常用到的基本形体，即使是用一个单一球体来构建一盏灯，也会有丰富多样的生成
方式(图 4-9)。

图 4-9　单一球体灯具设计

(2)分割

分割是将一个整体或有联系的形态分成独立的几个部分，在产品设计中对整体造型进
行分割可以把一个整体划分产生多个部分。分割可以分为实体分割和虚体分割，实体分割
主要基于产品加工制作以及分件装配等角度而对产品形态进行分割；虚体分割是指基于产
品的形式美感而进行的分割，也常被称为"几何分型"。为了获得视觉审美的效果，对产品
形态进行有意识的切割分离，强化产品的造型语言，丰富产品的细节特征。实体分割和虚
体分割并不是独立或矛盾的，在设计中两者常常综合使用，许多造型上的分割线既是产品
的分模线也是装饰线。如图 4-10 中的两图为一款同系列室内门，图 4-10(左)为厨卫门，
门中主体位置用半圆形做实体分割，镶嵌半透明玻璃，既满足审美功能需求，又符合厨卫
门透光的实用功能要求；图 4-10(右)为卧室门，该产品中的半圆形曲线为虚体分割，仅
起到增强形式美感的作用。

图4-10　同一系列的厨卫门(左)和卧室门(右)

（3）重构

重构是将分割而成的多个部分重新构建成一个完整的整体，这也是造型设计中常用的手法。被分割的块体是由一个整体分割而成，因而具有内在的完整性，所以分割后的块体之间通常具有形态和数理的关联性和互补性，对这些块体进行重构，很容易形成形态优美、富于变化的形态，这也是此种造型方式的特征。图4-11为德国设计师 Elementsyu 运用中国传统文化元素设计的"阴阳沙发"，该造型将一个基本圆形进行曲线分割，将平面图形中的"共线共形"变成了立体形态，成了"共面共形"，分割成的两个形态单元既独立，又有相互对应关系，形态互为补充，契合成新的统一体，使形态表现出感性与理性交融的美感，同时也很好地表现出中国传统文化的内涵语意。

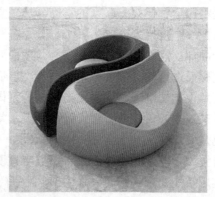

图4-11　"阴阳沙发"

（4）叠加

叠加就是对一个形体做"加法"，使之"获得"或"组合"，产生新的形态，在体量上表现为增加。叠加是产品推演最为普遍的方式之一，许多产品的形态由基本的形态叠加而成。由于参与叠加的基本形体的形状、大小、比例以及叠加的位置、叠加的方式不同，构成了千差万别的产品形态。叠加时需要注意的要点是：①不同叠加元素间的相对大小比例；②叠加元素间的位置；③叠加元素间的融合与统一，特别需注意叠加元素相交处的过渡。

如图4-12（左）的穹顶咖啡壶，整个造型为设计师阿尔多罗西惯用的典型元素：圆锥体、圆柱体、立方体、球体叠加而成，单纯的几何语言造型简洁，达成了"实用性和装饰性合一"的设计目标。图4-12（右）的小熊咖啡机，多个基本形体构成了产品的各功能部件，在叠加的过程中，采用曲面倒角和虚体分割的形式不断地将形体自然融合，使叠加的形体之间在造型上呈现连续的特征，在视觉的连续中，产品呈现了整体性、连贯性。

图4-12　穹顶咖啡壶（左）和小熊咖啡机（右）

（5）减切

与叠加相对应的造型方法是减切。就是对一个立体形态做"减法"，使之"失去"或"分离"，在体量上表现为减少，从而产生新的形态。如雕塑家在创作石雕或木雕的过程中，就是将一块完整的材料进行雕琢或切削，将不需要的部分去掉，形成一个具有一定形态的造型。切削的造型手法主要在于"切"和"挖"。为了更好地理解减切的方法，人们可以将减切工具理解成一把刀片。若刀片为规则形状，则切出和挖出的形状为规则形；若刀片为不规则形状，则切出和挖出的形状为不规则形。当然，在减切过程中，下刀的位置、角度及路径都会影响减切后的形状。

图4-13（左）为贾斯珀·莫里森设计的沙发椅，通过减切让产品造型形成了富有韵味的正负空间，留白造型象征着一个躺卧的人的抽象剪影，传递了雕塑一般的产品美感。图4-13（右）的加湿器造型包含了多处切割，椭圆球前后由截面切削而成，上部被一个椭圆柱贯通切削，形成了一个类似提梁水壶的造型；在完成造型整体减切后，对边缘进行进一步减切和倒圆角，让产品造型更加融合丰富。

（6）包裹

包裹的方法在造型应用中也比较广泛，表现为内部的形态被外部的面块按照一定的形式包围住，形成半封闭的视觉空间，内外造型之间形成层次感。可将包裹的造型方法理解成"穿衣"，即面块套在主体部分，形成不同的"服装"效果。如图4-14（左）所示的音响造型就仿佛形体穿上了一件长外套，半敞开状态，外套的材质和内部形态的材质区分明显和包裹造型共同组成了丰富的产品语言。图4-14（右）的咖啡杯采用了局部包裹（点缀性包

图 4-13　沙发椅(左)和加湿器(右)

图 4-14　音响(左)和咖啡杯(右)

裹)的造型方法，就如同形体套上了围巾或腰带，该环状点缀性包裹既满足了咖啡杯防滑和防烫的功能需求，又成了产品的视觉中心，且包裹造型与内部形态语言整体统一。

(7) 形态过渡

立体形态的过渡有两种形式：直接过渡与间接过渡。直接过渡是指一个形态简单地加到另一个形态之上，两个形态之间没有第三个中间形态出现，特点是在形态相接触的过渡区域内，形体转换明确，关系清晰，形态简洁硬朗，但是在有些情况下，这种方式会显得生硬，不够自然。间接过渡是指两个或多个形态在组合时，有一个形态作为过渡区域出现，这个形态可以是规整的圆弧，也可以是自由的曲面。间接过渡强调形态之间组合后的整体美感，除了要考虑过渡区域形态上的创意，还要注意形态与形态组合的合理性，过渡要自然，同时不能喧宾夺主。图 4-15(左)的胶带座，直线造型，面与面之间无任何过渡，该产品既可以贴在墙面安置，又表达了办公文具干脆利落的属性。图 4-15(右)的洗衣机，用立方体的基本形做圆角处理，用规整的圆弧连接两个相交曲面，让立方体多出了一个过渡面，将控制面板和显示器安放在了这个过渡面上，易于操作。

(8) 边缘突变

边缘突变是指对产品的边角进行局部凸起的处理，使产品在规则的造型中呈现出造型细节的突变，这是产品线条细节处理得一种极为重要的造型方法，常见于汽车造型设计。图 4-16(左)的汽车车尾设计可见多处突变的棱线，节奏感强，通过造型让该车型展现出动力强悍的语意特征。图 4-16(右)的贝尔的摩托车拉力盔设计也是通过边缘突变的形式强化摩托车运动的运动感和粗犷感，同时也起到加大强度和减少风噪的实际功能。

图4-15　胶带座(左)和洗衣机(右)

图4-16　汽车车尾(左)和贝尔的摩托车拉力盔(右)

4.2　如何创造美的形态

　　人们讨论形态的目的，就是要创造一个"美"的形态，然而什么样的形态才是美的呢？关于怎样是"美"的命题由来已久，古今中外各有论之，美的观念，受民族、宗教、性别、时代、地域等多种因素的影响，具有差异性。然而美的存在又是客观的，它在一定的时期、一定的地域内，具有共识性，是能够进行客观衡量和评判的。设计师正是利用这种形态美的共性，加之个人情感的发现，来挖掘、创造美的形态。

　　形态必须给人以美感，而美感则是审美主体与客体之间发生感应的结果，审美行为的发生，需要具备对美的事物有感受力的审美主体，同时需要具备能释放出美刺激能量的审美客体，缺一不可。在产品造型设计的实践中，设计师作为产品形态的创造者，首先要有对形态美的感悟能力，要具有判断一个形态美与丑的能力，如果缺乏对形态的感悟与评价能力，又如何谈得上创造美的形态呢？

　　由上可知，要创造"美"的形态，要形成主体对形态"美"的心理感觉；形态要符合形式美的法则。

4.2.1　形态心理与视觉动力

　　形态心理是指人脑对直接作用于感觉器官的客观事物的反映，是由感觉所受的刺激引

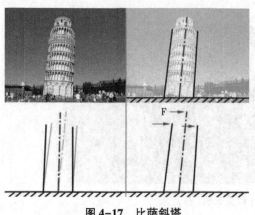

图 4-17   比萨斜塔

起视知觉的兴奋和传导，并且根据以往的知识经验来理解对象的，它是相对主观的、个性的。设计师李想把形态心理进一步解释为"视觉动力"，当人们看到某些图形，在视觉上产生了力量感受，这种视觉力量感受就是视觉动力，即视觉动力是用来描述视觉感受的一种概念工具。

图 4-17 是著名的比萨斜塔，之所以出名，是因为它看上去是倾斜的。人们在很小的时候就具有视觉上对于重力、重心、倾倒等物体运动趋势的判断能力，当人们看出比萨斜塔发生了倾斜，判断它有倾倒的趋势，但事实上它却始终没有发生倾倒，这与视觉上的判断不符，于是就形成一种反常又有趣的视觉感受——倾斜的线条会在大脑中形成一个视觉上的推力，继而感受到造成这个改变的力的作用。这实际上也部分地解释了缺陷美产生的原因，因为真正的完美是各方面都均衡的一种状态，这也就成了一种静止的状态了，失去了力的感觉。

这种视觉动力是人对各种形态的认识和对造型产生的共鸣在心理上的反映。自从人类产生以来，就生活在受自然力所支配的环境之中，因此，力的心理效应与自然科学中的物理力息息相关，人对形态的"力"的感觉是现实中力的作用现象对人的心理所造成的影响的一种反映，源自人对过去的阅历和经验的联想。一个产品形态给人们坚强有力的感觉，就是因为这个形态与现实中那些具有坚强有力的特征的事物有着相通之处。

形态的产生是物体的内力和外界的力共同作用的结果，力感在本质上表现为一种对平衡状态的偏移，用耗散结构的话来讲，就是"远离平衡状态的平衡"。在物理学上，平衡指的是力与反作用力的相等，包括两种形式：静力学的平衡与动力学的平衡，静力学的平衡如一幢高楼稳固地耸立在地面之上，处于安定状态；动力学的平衡如一颗人造卫星以一定的速度围绕着地球飞行，与地球的引力相均衡。人们这里指的平衡是形态上的平衡，但是形态上的平衡本质上也是一种力的平衡，是形态内在的力与外界的力相平衡的结果。

柏拉图说现实世界是对理念世界的回忆，这句话在某种意义上是有道理的。对于一个已经存在的物体来说，力的作用能够改变它的形态，这种形态的改变，是针对某个原型来说的。人们在观察、认识事物的时候，有一种心理本能，就是将人们看到的形态与人们内心的某些原型进行比较，并在两者之间判断出位置或形态的差异，从而产生对该事物的认识。

人们已经知道，任何形态，都可以最终分解为基础形态；任何不规则的形态，如果将其单纯化，这个形态就会逐渐地趋近于三原形。这就是人们内心的形态原型，这是一些非常单纯的形体，稳定而均衡。当人们所观察到的事物与人们内心的这些原型有差别，人们就会将注意力集中在这些差别上，同时想象是何种力量使得它改变了正常的位置或形态，这个过程也就能感受到使形态产生这种改变的力的作用，也就使形态产生了"视觉动力"。如图 4-18（左）为足球进门飞到球网上，使球网产生形变的瞬间，视觉把球网弯曲的轮廓与竖直的基准线进行比较，力感由此产生。这种曲线的简单形变在产品设计中很多见，如图 4-18（右）所示的汽车造型即是如此。

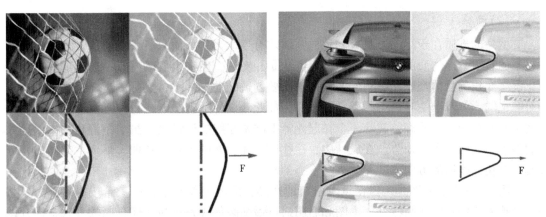

图 4-18　形变的球网(左)和汽车造型(右)

　　当然这种力的作用和由此带来的形态的改变都必须单纯，这样产生的形态才会明快而充满力感，如果力的作用过于复杂，那么形态内部的力与外部的力就会发生冲突，从而使形态变得过于复杂，引起人视觉上的混乱，继而使观察者难以联想到它的原型，形态也就失去了力感。所以增强形态力感的方法之一，就在于强调形体的最大特征，略去细微，使形态尽量简洁，突出形体充满张力的部分，即对外力有较强反抗感的要素。

　　具体地说，形态心理(视觉动力)包括量感、动感、生长感、流动感等。当然这些感觉之间也是互相联系的，正如人的不同感觉之间可以交错相通，形成通感，这些不同的感觉也往往交错、综合在一起。

　　(1)量感

　　形态设计中的量感，可以理解为力量感、体积感、容量感、重量感、范围感、数量感等，包括两个方面，即物理上的量感和心理上的量感。物理量感通常来自形体的大小，材料的重量等因素，是可以进行客观的度量的。心理量感是指人们在感知某一形态后心理所产生的量感，在产品设计中，心理量感既与基础形态的物理量感有关，也与基础形态的构成方法紧密相关。

　　如图 4-19 显示的电动工具类产品，因其输出功率和动力的特性，在造型设计时，要通过几何分割在视觉上传递出强力的效果，突出其坚固和可靠的感觉，才能吸引消费者。

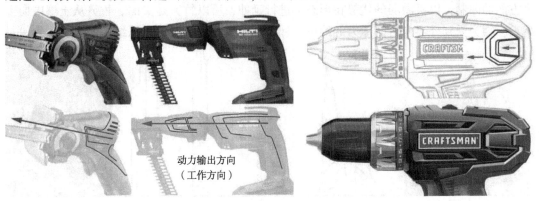

动力输出方向
（工作方向）

图 4-19　电动工具类产品

（2）动感

生命的本质在于运动，具有动感的物体才有生命力。因而只有带动感的设计，才会有很强的吸引力。物质的运动是绝对的，静止是相对的，但在人们的感觉中总把那些相对静止没有变化的物体当作是静止的。而人们所要创造的动感并不是实际的运动，正是要让相对静止的形体看上去有动态的感觉。正因为如此，设计师就要创造一种"静止的动态"，也就是有动势的一种静态，就像一个在起跑器上准备起跑的运动员，虽然是静止的，但是人们能够感受到强烈的动势。在设计中，往往通过体、面的转折、扭曲，形体、空间的有节奏的变化，线形的方向的变化来表现形态的动感。

图4-20中的左图是一款便携发电机的产品，原本相貌平平，厂家希望突出其力量感和动感来匹配它的产品特性。中图和右图通过增加倾斜线条作为几何分割的方式来提升该产品的力量感和动感。读者也可以尝试画图分析。

图4-20 便携发电机造型对比

（3）生长感

在自然界，无论是具有生命力的有机形态或无生命力的无机形态，如自然界中的植物、动物，或蜿蜒起伏的群山、川流不息的江水等无机形态，大多以曲面或曲线显现出饱满而柔和的美，充满生命生长的力感。如人体就是很好的例子，人体的骨骼、肌肉都充满了形态的合理性与机能性；而鹅卵石虽然没有真实的生命力，却也因其经过了千百万年的运动和变化，生成了具有生命生长感的形态。

自然环境对生命生长的限制其实是非常苛刻的，以植物为例，内部生长力使它的形态不断延伸，如图4-21中的竹笋。它们总会受到自然气候、土壤环境条件及自身供养等各个方面的限制，以极微弱的优势在形态上进行延伸，所以竹笋是尖的。竹笋从土壤中向上生长，因为受到外界向内挤压力的约束，外轮廓上是逐步减弱的。从结构上来看，竹笋是

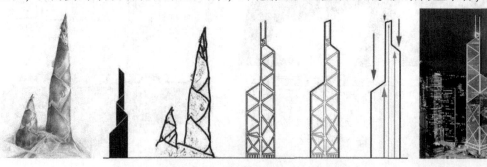

图4-21 香港中银大厦的仿生造型

一层一层包裹的结构，每一层都努力地向上生长，但越靠近外界的组织，向上延伸的速度就越慢，所以也就形成了外表面向内的倾斜和分割。这种生命自然的生长感经常被艺术家和设计师所模仿，如贝聿铭设计的香港中银大厦。

自然形态对于产品造型中的形态研究具有非常重要的参考作用，即使不采用仿生造型手段，自然形态中生长的力感也是值得借鉴的。如图4-22（左）的音箱设计，产品整体造型采用极简的几何造型，但该形态给人的心理感受就彷佛向上生长的植物，包裹语言的运用更是突出了"破土而出"的感觉。图4-22（右）借鉴无机形态"火山"设计的灯具造型，灯具底座较宽，具有较强的稳定感，与顶部出光口的比例如火山的形态比例；产品主体上虚体分割的装饰线和产品造型一起突出光线向上喷发的生长感。

图4-22　音箱设计（左）**和灯具造型**（右）

（4）流动感

人们在生活中，或许有这样的视觉体验，在倒蜂蜜或者橄榄油的时候，知道液体在流动，但某一瞬间看上去像是静止的一样，如图4-23（左）所示。偶尔发生一些变化，如液体的形体变细了，或者里面有气泡在移动，视觉才缓过神来，看出液体在流动。视觉判断物体的动态主要依靠光影的变化。这种质地均匀、清澈透明的液体，很容易给人们造成一种静止的错觉。相对的，在产品造型中，有些明明是静止的形态，也会给人们带来如液体般流动的感觉。如图4-23（右）中的水龙头，图中用箭头指出了形态流动感的方向。

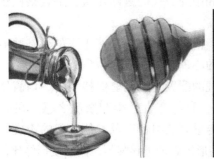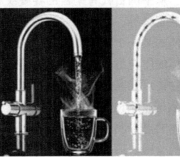

图4-23　流动的蜂蜜（左）**和水龙头**（右）

若想让形态具有流动感，就要在视觉上制造出流动的可能性，也就是制造出连贯的流道，这里所说的在视觉上制造流道是指在可视范围内制造闭环流道或让流道消失在产品的边缘，当然，这其实依然是一个闭环流道，只不过流道是立体环绕产品形体的，如图4-24所示。这样就可以保证流动的可能性，使产品外观具备流动感。

图4-24 蓝牙立体扬声器(左)和剃须刀(右)

4.2.2 形态美法则

形态美法则是从无数美的现象与创造美的实践中总结出来的，是相对客观的、共性的，能够对美的创造活动提供指导和参照。形式美的法则有对称与均衡、对比与调和、安定与轻巧、比例与尺度、节奏与韵律等，其中每点的双方既有矛盾的因素，又相互联系、相辅相成，反映了事物发展的对立统一规律。对立与统一是矛盾的双方有机地体现在一件作品之中，没有对比只有统一，则单调乏味，只有对立没有统一则会显得杂乱无章。矛盾双方共同作用，有机结合，在统一中求变化，在变化中求统一，在对立与统一中形成形式的美。

(1) 对称与均衡

对称即以物体垂直或水平中心线(或点)为轴，其形态或上下或左右或中心对应，包括绝对对称和相对对称两种形式。绝对对称是指对称的形态一模一样，毫无差别；相对对称则是指对称的形态稍有区别，但总体感觉还是相同的。对称的形式美感，具有一定的规律性，是统一的、正面的、偶数的、对生的。在形态设计中，对称的表现手法经常被采用，有庄重、大方、静穆、条理、完美、稳定之感。自然界中到处可见对称形式，各种动植物的形态，绝大部分是以对称形式出现的，人体就是最好的范例。在艺术设计中，从古至今其范例随处可见，从中国古代青铜器的饕餮纹和中外历代的宫廷建筑、宗教祭祀建筑，到现代的家具、交通工具等，都是以对称为主的。

均衡即在形体的某一个轴(可能并不是实际存在的)的左右或者上下的形态并不完全相同，但从两者形体的质与量等方面却有着相同的心理感受，也称为"非对称的平衡"。这就像天平，两端的物体可能完全不同，但通过合理的配置它还是能保持平衡。均衡具有变化的活泼感，是奇数的、不规则的，如处理不当，容易产生失衡和杂乱之感。在形态设计中，如何处理形体的虚与实、整体与局部、表与里等的组合以及其他要素的构成关系，是获得良好均衡感的关键。通常，大的形体比小的形体心理量感强烈，高彩度形体比低彩度形体心理量感强烈。在形态处理当中，当一边的形态过大而感到不平衡时，可以通过对它进行分割，来弱化它，从而获得均衡；也可以通过将量小的一边远离虚拟中轴的办法来获得平衡（类似于人们的杆秤的原理），当然也可以通过色彩的处理来解决。

（2）对比与调和

对比是指在一个造型中包含着相对的或相互矛盾的要素，是两种不同要素的对抗。"绿叶红花"讲的是色彩的对比，"鹤立鸡群"讲的是形体的对比，直与曲、动与静、简单与复杂等都可以构成对比。应用对比的设计手法，可使形态充满活力与动感，又可起到强调突出某一部分或主题的作用，使作品个性鲜明。

调和是指整体中各个要素之间的统一与协调。调和可使各要素之间相互产生联系，彼此呼应、过渡、中和，形成和谐的整体。就形态而言，包括点、线、面、体等诸多要素的调和，通过对诸因素的调和处理，可获得形态构成美的秩序。形态的对比与调和包括线形、体形、方向、虚实等方面。

这个法则是形态设计中最富表现力的手段之一，既可强化和协调形态的主从关系，又能充实形态的视觉情感。但是在具体的运用中也要注意，如果对比行之过度则易产生杂乱之感，而调和过度则显得静止、缺少活力。该法则的运用，要形成一种整体的观念，既要考虑主次关系，因为运用对比手法，本身就是为了强调对比中的某一方，所以对比的双方不可以等量齐观，要有所侧重，这样才能突出要表达的主题；但是也不可以对比过于强烈，使形态失去整体的协调性。应力求在对比中寻调和，在变化中求统一。当然这个"度"的把握有一定的难度，需要在实践中慢慢领悟。图 4-25 是大金（Daikin Industries）开发的便携式空调机 Beside，产品为立方体造型，边缘用圆角处理，出风口为连续的斜线，与立方体给人们横平竖直的视觉边缘线呈鲜明对比，而连贯流动的内陷斜线又起到了调和强对比的作用。上表面的提手安放在正方形的对角线上，平放时形成了线条视向性对比，拎起时形成平面和曲面的对比，拎手的颜色和材料也与产品主体对比明显，让产品造型语言丰富别致。该产品获得了 2019 年 IF 金奖。

图 4-25 便携式空调机 Beside

（3）安定与轻巧

安定是指形体客观物理上的稳定性与主观视觉心理的稳定感。形态要达到平衡才能稳定，平衡包括对称所产生的绝对平衡和均衡所产生的相对平衡。三原形体具有很好的安定性，所谓三原形体是指正立方体、正三角锥体和球体，这三种形体是构成立体形态的基础，也是外形最为稳定的形体。影响形态稳定的因素还有重心高低、接触点面积大小、数量的多少等方面。形体尺度高则重心上移，容易形成轻盈之感，形体尺度低矮则重心下降，给人稳重踏实之感；形态底部与承托物之间触点面积较大，则稳定感强，反则轻巧感强。巧妙地利用线、面、体的分割与组合也能使原本显得粗笨的形体变得轻盈灵巧。

安定与轻巧同样是需要统一的，过分安定，则显得笨重，过分轻巧则显得不够稳重。安定与轻巧的相互关系，没有具体的尺度，一般形体小或薄、质轻的产品主要强调安定感；形体大而厚、质重的产品主要强调轻巧。设计的过程就是一种权衡，根据产品的用途、材料、使用对象等做具体分析，做出恰当的处理。

图4-26显示的是德国曼恩品牌的 TGX 系列卡车，卡车车头接近正方体，边缘突出，造型整体是横平竖直的硬派设计；前脸的"MAN"标志面罩依然采用黑色倒梯形面板，上方是嵌有雄狮标志的镀铬饰条，其平行条纹状中网和精准绘制的外形轮廓线呈现出其品牌标识"雄狮"的特征；大尺寸黑色倒梯形面板让车头的视觉重心较低，稳定感强，且与车头整体的线条和色彩都形成了强烈的视觉对比；被切割成了两个钝角的黑色面板与下方的进气格栅共同形成了一张大嘴，使得前脸更具攻击感，视觉张力强烈。同时，驾驶舱的内饰造型和米色+灰色的 CMF 设计降低了重载车辆的沉重感，让驾驶员心理压力减轻，操作舒适性强。该款产品获得了2020年的红点设计大奖和2021年的 IF 设计大奖。

图4-26　德国曼恩品牌的 TGX 系列卡车

图4-27(左)为丹麦家具设计师汉斯·韦格纳所设计的 Y 背椅，设计于1949年，它的外形迥异于先前拥有四方形挡板和座椅结构的作品。圆润的前后横档和方正的侧档使椅子不至于摇晃，它们位于圆形椅腿之间，同时也组成了椅面的边框，用以固定由纸绳编织而成的椅面。橡木制成的后椅腿微微向内收缩，随后优雅地弯曲两次，上部拥有独特形状的弓形椅圈。此座椅最显著的特征，同时也是其名字的来源是它造型独特的 Y 型椅背纵板。所有这些结合在一起，造就了这件造型轻巧而优雅、耐用且精致的家具。

图4-27(右)为密斯·凡德罗(Ludwig Mies van der Rohe)设计的 MR 10 椅，该产品造型以轻巧著称，它所展现出的直白的简洁感使它看起来如同一根连续的钢管，由前腿支撑的"悬浮"椅面和椅腿优美的曲线让产品传达优雅的气质。

(4)比例与尺度

比例是指部分与部分，或部分与整体之间的数量比率关系，即形体相互间美的关系，对于产品来说，是指产品形态自身各个部分之间的比。

黄金分割比(1∶1.618)是全世界公认的一种美的比例，若干世纪以来，黄金分割比被广泛使用，在希腊的神庙、雕塑、文艺复兴的画作，甚至是城市规划中都有运用。人们还

图 4-27　Y 背椅(左)和 MR 10 椅(右)

发现，不仅是人类审美存在着对黄金分割比的各种偏好，自然界中动植物(包括人类在内)生命成长方式中也存在着黄金分割比。图 4-28(左)所示是胫节贝螺旋成长方式与黄金分割比的比较。研究显示，胫节贝螺旋成长方式适宜各种黄金分割比形成的对数螺旋线。每一段螺旋线表现每个生长阶段，新生长的螺旋线非常近似于黄金分割正方形的比例，而且比原来的大。人体比例也呈现出黄金分割比的特点。古罗马学者兼建筑家马尔库斯·维特鲁威·博利奥(Marcus Vitruvius Pollio)提出，拥有完美比例的人的身高应该与展开的手臂长度相等。人体的高度与伸展开的手臂的长度形成的正方形将人体围住，而手和脚正好落在以肚脐为圆心的圆上。在该体系中，人体在腹股沟处被等分为两部分，肚脐则位于黄金分割点上。今天黄金分割比同样经常被用到现代设计形态的创造和研究中。现代主义设计的先驱勒·柯布西耶、A·M·卡桑德拉等都主张用几何学的比例来创造设计形态。图 4-28(右)所示是德国大众公司 1997 年推出的新款甲壳虫汽车，其造型明显与其他汽车不同，它是一个运动的雕塑，是几何概念与怀旧的融合体。该车外形符合优美的黄金分割椭圆的上半部分。侧窗重复了黄金分割的椭圆形状，车门在一个正方形里，符合一个黄金分割矩形。

大众公司甲壳虫汽车 Volkswagen Beetle

图 4-28　胫节贝螺旋成长方式(左)和甲壳虫汽车(右)

由于设计中讨论的形态大多都与人的使用要求密切相关，因此，设计的尺度往往受到人的体形、动作和使用要求的制约，并有特定的合理性。人机工程学（Ergonomics）中所提供的人体测量的结果，如不同性别、不同年龄组的人群的人体的构造、人体尺度、人的活动域等会直接影响建筑室内的空间大小以及人工物品的尺度大小与具体形态。优良的设计，都同时有着合理的尺度和美的比例。图4-29为伊姆斯夫妇在1946年设计的LCW椅，从侧面轮廓来看，LCW椅的造型具有仿生学的特点，颇似正在向主人仰首摆尾的憨态小狗。座椅背骨和颈部是一块模压胶合板，连接着椅座、靠背和椅腿。这块木板在靠背处略微下沉，为倾斜的椅座提供了空间。椅面的前端上抬，看上去好像要把坐在椅子上的人抬起。椅腿部分用了更多量的胶合板来加固其强度以承受更充足的重量。靠背部分是个等腰的梯形，上窄下宽。从正面看，靠背两侧的倾斜度跟椅腿的倾斜度相平行，靠背和椅腿之间平行对齐创造出非常和谐的统一。靠背面板呈轻微的波状弧度形状，可以充分地支撑后背。椅座面又宽又舒适，椅座中平面的切割非常接近整张椅子的"黄金分割点"，创造出一种美学比例。椅座的中心部分略微往后下沉，四边则微微翘起，令坐着的人感到像被摇篮包围一样安全舒适。

在产品设计中不仅要注重实体之间的比例，也需注意虚空间的比例。"埏埴以为器，当其无，有器之用。"虚实相生以及虚实对比是中国传统美学中的显著特征，同时也是西方

图4-29　LCW椅

图4-30　蝴蝶凳

现代形式美法则中的常见手法。在设计中，虚实关系的运用能让产品产生独特的内涵和美感。实境需要虚境的衬托，而虚境需要实境来实现。在设计中，实体的材料构成产品的实空间，而产品的中空部分则构成虚空间。在产品设计，虚实空间的对比能够避免设计的呆板，形成视觉张力。在同一个外轮廓下，不同的虚实比例关系能够产生出不同的设计效果。图4-30为日本设计师柳宗理1956年设计的蝴蝶凳，该座椅仅使用两块相同的胶合板构件制成，宛如书法的两块胶合板用有机形态围合成了3个虚空间，座椅在虚实空间的对比之间体现了浓重的东方美学特征。

（5）节奏与韵律

节奏与韵律是指同一现象的周期反复，原为诗歌、音乐、舞蹈的基本原理，与时间和运动有关，运用于形态设计，则是指形态要素的规则反复。节奏与韵律是一切艺术的基本表现形式，它之所以使人产生律动的形式美感是直接受制于自然规律的缘故，季节的更迭、昼夜的交替、人体的新陈代谢及运动规律都是鲜明的体现。

在具体的形态设计中，人们可以利用线条的疏密、刚柔、曲直、粗细、长短和形体的方、圆等的有规律的变化，来形成形态的节奏与韵律，同时结合反复、渐变来表现律动美。将一个或数个形态元素作有规则的连续重复或间隔组合，可获得律动的美感，当然这个形态元素不可过多，否则容易显得凌乱，看不出节奏的变化。当然，人们也可以将多种方式合在一起运用，这样可以形成复杂的节奏与韵律关系。在工业设计活动中，对视觉密度的把控会让产品形态具有节奏感。

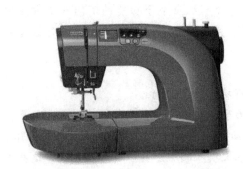

图 4-31　节奏与韵律案例

如图 4-31 所示，两个产品的造型并不复杂，也没有花哨的形态变化，但它们对于视觉密度的把控非常到位。在外表的一个区域内，高密度的聚集了细节元素，保证了其他区域的空白和稀疏。这样，从画面上符合了节奏感的营造要求，即抑制与释放、密集与疏松等方面的对比。节奏感的营造不单单是布局上的，在 CMF 等方面也都可以制造松与紧的对比。就像绘画中，明暗、冷暖、纯度、色彩变化频率等，从各个维度制造节奏。所以在产品外观的设计上，需要同时控制 CMF 和造型两条线。尤其是对于一个产品上会出现多种材质和肌理的类型。

4.3　形态设计方法与步骤

4.3.1　形态分析方法

能够让设计师在进行产品形态设计时，在概念设计阶段绘制概念草图的过程中，按照产品的功能进行产品形态的分析和规划。形态分析法主要体现了"形式追随功能"的设计理念，并不适用于所有的设计问题，功能主导性的产品和与工程设计相关的设计问题最适宜运用此方法。当然，设计师也可以发挥更多的想象力，将此方法应用于探索产品的外观形态。

＊形态分析法

在使用形体分析法之前，需要对所需设计的产品进行一次功能分析（详见章节 3.2.1"功能分析法"），将整体功能拆解成为多个不同的子功能。许多子功能的解决方案是显而易见的，有一些则需要设计师去创造。将产品子功能设为纵坐标，将每个子功能对应的解决方法设为横坐标，绘制成一张矩阵图。这两个坐标轴也可以称为参数和元件。功能往往是抽象的，而解决方法却是具体的（此时无须定义形状和尺寸）。将该矩阵中的每个子功能对应的不同的解决方案强行组合，可以得出大量可能的原理性解决方案。

如何使用：通过功能分析法确定产品的主要功能和子功能，并用主功能和子功能的方式描述该产品，所谓的子功能，即能够实现产品整体功能的各种产品特征。例如，一个茶壶包含以下几个不同的子功能：盛茶（容器）、装水（顶部有开口）、倒茶（鼻口）、操作茶壶（把手）。功能的表述通常包含一个动词和一个名词。在形态分析表格中，功能与子功能都是相对独立的，且都不考虑材料特征。分别从每个子功能的不同解决方法中选出一个进行组合，得到一个"原理性解决方案"。将不同子功能的解决方案进行组合的过程就是创造解决方案的过程。

步骤 1：准确表达产品的主要功能。

步骤 2：明确最终解决方案必须具备的所有功能及子功能。

步骤 3：将所有子功能按序排列，并以此为坐标轴绘制一张矩阵图。例如，如果需要设计一辆踏板卡丁车，那么它的子功能为提供动力、停车、控制方向、支撑司机身体。

步骤 4：针对每个子功能参数在矩阵图中依次填入相对应的多种解决方案。这些方案可以通过分析类似的现有产品或者创造新的实现原理得出。如图 4-32 所示，踏板卡丁车可以通过以下多种方式实现：盘式制动、悬臂式刹车、轮胎刹车、脚踩轮胎、脚踩地、棍子插入地面、降落伞式或更多其他方式。运用评估策略筛选出有限数量的原理性解决方案。

步骤 5：分别从每行挑选一个子功能解决方案组合成一个整体的原理性解决方案。

步骤 6：根据设计要求谨慎分析得出所有原理性解决方案，并至少选择 3 个方案进一步发展。

步骤 7：为每个原理性解决方案绘制若干设计草图，以确定产品的基础形态。

步骤 8：从所有设计草图中选取若干个有前景的产品形体，进一步细化成设计提案。

要点：①通过不同的组合方式，能快速得出大量的解决方案，如一个 10×10 的矩阵可以得出一百亿种不同的解决方案。因此需要极其严格地评估每一行的子功能解决方法并归类，然后进行有效组合，得出有限数量的原理性解决方案。②在分析每一行的子功能解决方案时，可以对照设计要求，将它们按照与子功能的相关性按序排列，这样有助于选出最合适的几个方案。③按照重要程度将所有子功能组合按序排列。初始阶段，只需评估最重要的子功能组合。选定一两个备选解决方案组合进行评估，选出最佳解决方案，并将其发展成一个较完整的原理性解决方案，再进一步细化成更为成熟的设计提案。④通过强行组合的方式挑战自己的思维局限，可以得出一些反直觉的解决方案组合。

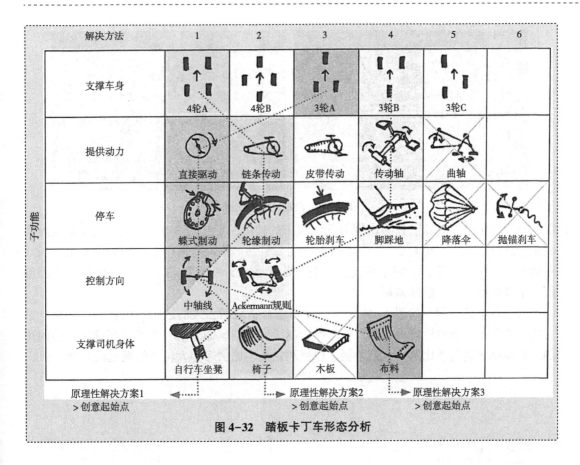

图 4-32　踏板卡丁车形态分析

4.3.2　形态设计步骤

在进行产品的具体形态设计时，一般应分为 4 个步骤：比例、体量、线条、细节。设计师有意识地参考这 4 个步骤可以有效提高产品造型的品质。

（1）比例

比例是产品造型设计的第一步，是产品视觉特征的第一要素，确定了产品的第一视觉特征。观察产品时，第一印象源于产品的视觉比例，其次才是线条、细节等特征。可以将产品的比例比喻为人体的骨骼，如人的腿部长度与人身高的比例关系，头部长度与人身高的比例关系，确定重要器官的比例关系是人体造型的第一步，确定产品重要部件的比例关系也是产品造型的第一步。如在观察一部汽车时，第一印象往往是汽车的整体尺寸及汽车主要部分的比例关系，而不是车身上的线条、车灯的细节等。

比例的确定要注意以下几个方面：

①首先确定产品的基本尺寸及产品整体的长、宽、高及一些关键尺寸，以此确定产品的大型特征。

②确定产品各个关键部件的尺寸以及他们的比例关系。

值得注意的是某些产品的比例会以某些基本单元来确立其他各个部分的尺寸及比例关系。如汽车设计当中，会以车轮直径作为参照来确定汽车的整体尺寸。如图 4-33 所示，

图 4-33　汽车的比例案例

在汽车设计中，以车轮直径为比例单元，跑车的轴距一般超过 3.5 个车轮大小（两轮内部间距会超过 2.5 个车轮大小），车高不会超过 2.5 个车轮，前悬（汽车前段距 A 柱）偏长，一般大于 1.5 个车轮。与跑车相比，一般家用车的设计中，以轮子为参考单位，轴距偏短，车身高度偏高，前悬偏短。

以一台电钻为例，如图 4-34 所示，在形态分析之后，人们已根据电钻的主功能、子功能，确定了其原理性解决方案，要开始绘制设计草图。那么第一步首先要确定电钻的比例，如电钻长宽高的比例，电钻手柄、电机和钻头的比例等和大轮廓的视觉动力性。

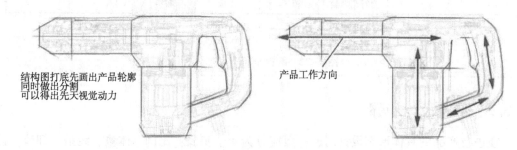

结构图打底先画出产品轮廓
同时做出分割
可以得出先天视觉动力

产品工作方向

图 4-34　电钻比例的确定

（2）体量

体量是吸附在产品"骨骼"上的"肌肉群"，可以将比例呈现出的视觉特征进一步强化，相同的比例下可以有不同的体量感。体量是对产品整体轮廓及大面走势的确定，可以理解成产品造型上的面块起伏，如汽车车轮上的翼子板、发动机前盖的面块起伏等。体量的确定要注意整体面型的流畅性及体积分布的韵律感。

比例和体量一起确立了最终产品的整体视觉特征。宛如黄昏时背光观察汽车，在线条和细节都模糊不清的状况下，其比例和体量特征尤其显著。当然在一些简单的产品造型中，体量并不明显，如一些扁平化的家居家电产品中，体量往往会和比例一起确定。

在电钻的设计中，第二步是电钻体量的确定，确立整体的轮廓线、电机等主要部件在电钻的体积分布以及色彩分割等，如图 4-35 所示。

（3）线条

线条往往依附在体块上，并进一步将造型的体块特征明朗化。在产品设计中，纯粹的线条出现一般较少，线条一般是呈现出一定体积，在视觉上呈现线状的感觉。在造型设计

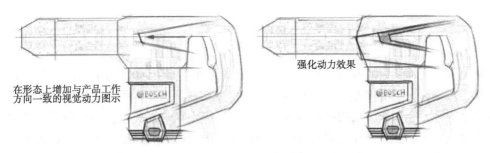

图4-35 电钻体量的确定

中需要特别注意线条两侧的形态变化。其周边形状的变化确定了线条的品质及个性。大部分线条的产生都是由面与面的相交而成的，两个侧面的品质特征决定了线的品质特征。

在电钻的设计中，第三步是电钻上各种线条走势的进一步确定，即确定轮廓线倒角大小、按钮的形状、夹头的形状、装饰线走向等，在这一过程中要注意线条需与整体走势一致，如图4-36所示。

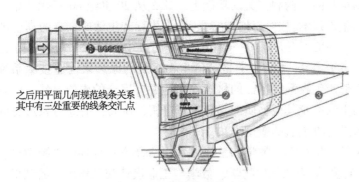

图4-36 电钻线条的确定

(4) 细节

细节设计是造型设计的最后一步，对细节设计的把握体现了设计师的设计深化能力及对设计的敏感度。细节设计往往体现在一些小按钮、指示灯、气孔、拐角边缘以及接缝等方面。在基本比例和形态相差不大的情况下，细节是提升产品品质的关键。细节设计一定要与量和线条相呼应，体现造型设计的统一性。

在电钻的设计中，第四步是电钻细节的确定，各部件细节处的设计，要注意彼此间的统一和呼应(图4-37)。

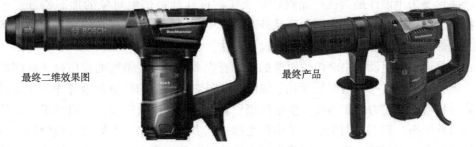

图4-37 电钻细节的确定

4.4 形态仿生设计

德国设计大师科拉尼曾说："设计的基础应来自诞生于大自然的生命所呈现的真理之中。"自古以来，自然界就是人类各种科学及技术发明的源泉。生物界有着种类繁多的动植物及其他物种，它们在漫长的进化过程中，为了求得生存与发展，逐渐具备了适应自然界变化的存在方式，成为一种合理甚至完美的形式。因而产品的形态除了可从抽象的几何形态演变而来之外，还可由现实的自然形态演变而成，这种演变方式形成了一种重要的设计方法——形态仿生设计。

人类最初使用的工具——木棒和石斧，是对牛羊角与动物爪牙的直接性功能模仿；骨针则是对鱼刺的模仿；船的造型来源于人们对鱼的形态的了解；商、周、西汉时代，人们以动物形态为原型（即仿生对象）设计创造了虎樽、象形樽、鹰形壶、牛形灯等具有多种实用功能的日用器皿。如果说这些器物都是人类在自觉或不自觉地模拟自然、"翻译自然"，停留在描述生物精巧的结构和完美的功能上，那么从 20 世纪 60 年代开始，人们便逐步明确地认识到了仿生设计的科学设计方法对于人类生存和生活所具有的真正价值。

1960 年 9 月，在美国召开的第一届仿生学研讨会中，J·E·斯蒂尔博士（J E. Steele）给仿生学下了这样一个定义："仿生学是模仿生物系统的原理来构造技术系统，或者使人造技术系统具有类似于生物系统特征的科学。"仿生并非完全的模仿自然，而是运用仿生学原理对自然界中的生物以及其他物质的形态进行分析、研究，借助对象形态的特征，启发构思、发挥想象力进行再创造的造型方法。

如果说仿生学是生物学、数学和工程技术相结合的一门新兴边缘学科，那么，仿生设计学（或称仿生工学）就应该是生物学、数学与工业设计交叉作用下的结果。严格意义上的仿生设计是工业设计和仿生学这两个边缘学科相结合的产物。工业产品的仿生设计主要研究产品的功能仿生、形态仿生、结构仿生、色彩仿生、肌理仿生等方面的内容。其中产品的仿生形态需要以材料、结构作为载体，并通过形态呈现功能，所以产品形态仿生是产品仿生设计研究的最直接的方面。形态仿生可以给设计师提供许多源于自然的创意素材，使产品形态富有生机，唤起观察和使用者对于自然的亲近感受，使设计的产品在外观上具有某些和仿生对象相呼应的特征。

4.4.1 产品形态仿生设计界定

产品形态仿生设计是指在产品设计过程中，设计师将仿生对象的形态特征，经过简化、抽象、夸张等设计手法应用到产品外观设计中去，使产品外观和仿生对象产生某种呼应和关联性，最终实现设计目标的一种设计手法。

在产品形态仿生设计中对仿生对象的选择有很多种，对自然物的模仿毫无疑问被认为是仿生设计。但是有一种情况是存在争议的，就是对人造物的模仿是否算作仿生设计。早期人们对抗自然的能力弱于当代，生活环境中自然物所占比重较大，向自然学习，仿生对象多为自然形态。当下人们生活环境中产生越来越多的人造物，人们对人造物质形态也具有了亲近感和易识别感，将人造物质形态作为仿生对象应用于产品形态设计中，也取得了良好的设计效果，如很多动画片中的卡通人物形象也具有一些个性、情感等类似于生命的特征，对这种人造物的模仿也可以被看作是仿生设计的延展应用（图4-38）。

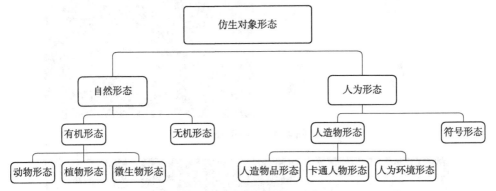

图4-38 仿生对象形态分类

图4-39为仿生自然界中无机形态鹅卵石形态设计的地板坐垫，抽取了鹅卵石圆润、天然的外观形态，形状尺寸不一，用户可以任意搭配。这款设计希望为现代室内环境增加自然的元素，为人们提供一个安心休憩的小天地。

图4-40为根据肉质仙人掌独特的形态设计的灯具造型，通过利用新型材料技术——烧结聚酰胺和3D打印，根据复杂的植物造型做了形态和肌理双重仿生。可以拆分为两个独立的小灯，适用于居家环境和公共场所。

图4-39 鹅卵石形态的地板坐垫

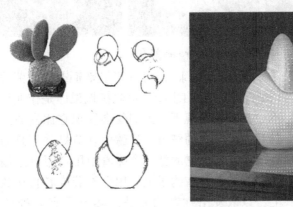

图4-40 肉质仙人掌造型的灯具

图4-41为HopLow灯具，是卡通人造物的仿生设计，灵感来源是迪士尼电影Fantasia里面的一个蘑菇造型的角色，充满明朗活泼的童趣。

图4-42显示的灯具设计pirouet源于设计师对镜头光圈的着迷，最初的形态仿生对象即照相机的镜头光圈，经过大量的测试和完善，最终出来的效果更似一朵花蕾，把自然之美融入其中。

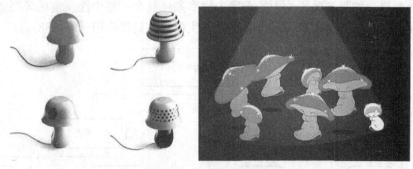

图 4-41　HopLow 灯具

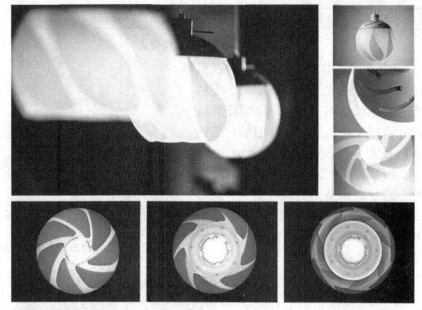

图 4-42　pirouet 灯具

图 4-43　"劳动节灯"

　　德国设计师康斯坦丁·格尔契奇设计的"劳动节灯"造型如同一件安全灯或工具灯，更笼统地说即是作业灯（图 4-43）。不过在仔细审视下，人们便会发现它比一般纯粹的作业灯具有更为丰富的细节。这款劳动节灯并不是为固定放在某处而设计的。它的把手意味着使用者可以采用各种方式使用它：如悬挂在钩子上，用手提着或者直接放在一个平面上，以散发出弥散的光芒。其把手有 4 种颜色可选，橙色、蓝色、黑色以及绿色。它的外壳为逐渐收窄的漫射塑料，其材料为注塑乳色聚丙烯。灯具本身装有两种不同的灯泡，把手上有一个按钮可以切换模式。当你有意地开始观察这件仿生人造物的产品形态时，其中暗含着的巧妙的优雅感便会慢慢浮现。

4.4.2　产品形态仿生设计要点

形态仿生设计虽然可以给设计师提供很丰富的创意源泉，可以为设计形态增添生机和活力，但不是所有的产品都适用于仿生设计，在进行形态仿生设计时要注意如下几个要点。

(1)形态仿生对象的选择

在形态仿生设计的过程中，对模仿对象的选择是一个至关重要的环节，必须根据设计物要表达的内容和情感慎重选择。仿生对象与产品最好有着某种关联性。如图 4-44 中的调味罐设计，设计灵感来自大蒜的形态，大蒜在世界各地都是普遍通用的调味品，利用大蒜和调味罐之间的关联性，给厨房存放收纳提供了创意的解决方案。其 6 个容器可盛放不同的调料，同时适合不同国家的烹饪习惯。

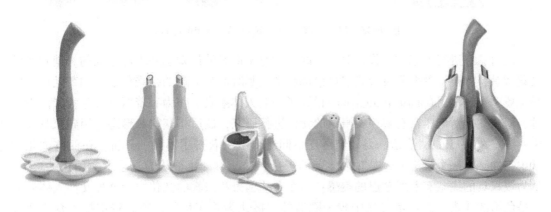

图 4-44　调味罐设计

(2)形态仿生对象的认知

选择恰当的仿生对象，让人产生正确的认知是设计师首要关注的问题。当确定了设计要表达的主题时，就可以围绕主题运用发散性思维展开设计联想，寻求与表达内容相一致的仿生对象，并对其进行加工整理，以使之更好地适应产品。选择合适的对象可以产生吻合的意向感受，能唤起使用者对相关形态意境的联想，产生恰当的认知，使产品形态成为沟通设计师和使用者的桥梁，让使用者和设计师产生共鸣。这种意象感受包含产品本身表达的意境，也包含产品和所处环境相融合的意境。反之，不适宜的仿生对象会给人带来不适感。如图 4-45(左)所示是一款自拍杆的设计，设计师观察到当下发达的网络科技让大家都有了"社交"错觉，随之而来的自拍杆热潮更让设计师有所深思，于是就诞生出这款有趣的自拍手臂。从设计哲学角度来讲，断臂自拍杆有一定的符号意味，但是人手造型太过具象，又是局部仿生，给人以诡异的感受，所以这注定是一款不能量产的实验性装置作品。如图 4-45(右)所示，Five-finger fillet 是一款刀具和笔收纳工具，设计取材于刀(或笔)插手指缝的游戏，趣味性的仿生设计，该游戏和刀具、笔有一定的关联性，能让用户回忆起自己在做该游戏时的体验，造型在仿生对象的形态基础上略加抽象，满足了人们猎奇的心理。

图 4-45　自拍手臂(左)和 **Five-finger fillet**(右)

同时，在进行形态仿生设计时，不同人群对于形态的认知也是不尽相同的。消费者的文化背景、年龄、教育程度等诸多因素都会影响其对产品形态的接受程度。如荷兰设计师马里奥·菲利波恩(Mario Philippona)设计了一套人体家具。作为有着西方文化背景的设计师，他认真地对健康且有着模特身材的女性进行研究，然后将获得的形态应用到家具设计中——"Sexyfurniture"。这一设计创意在不同受众眼中获得了不同的评价。在西方文化背景中，性感是一个褒义词，是对人体美的赞扬，这一设计也被认为是艺术实用化的典范，认为该家具的线条有着雕塑般的美感；而在有些国家和宗教的文化中，这种女性人体被认为是色情的代表，是日常交流中较为隐晦的，被认为是庸俗的，因此较难被大众广泛接受。在进行仿生设计的过程中，设计师要对这些相关因素进行充分调研，然后再确定被模仿的原型。

(3)抽象简化的程度把握

仿生设计中对模仿对象的简化程度如何把握，取决于多种因素，如造型的需要、加工工艺的约束、产品无障碍使用的要求等，设计师在设计的过程中应充分考虑各方面的约束条件，很好地将仿生手法运用到产品设计中去。另外，抽象程度越高，产品的几何化形态越明显，产品造型呈现简约化，现代感越强，形态感觉理性、冷峻，产品加工实现的难度相对较低。反之，抽象程度越低，仿生对象的特征越明显，产品形态细节越多，装饰性强，形态感觉偏感性，亲和力强，产品加工难度增加。

图 4-46 为 Isao Hosoe 设计的苍鹭台灯，灵感来源为大型水边鸟类苍鹭，设计师对具象的仿生对象进行了高度抽象，模拟了苍鹭的外部结构形态特征，产品的各部分都是基本几何形，让产品与仿生对象的姿态更加"神似"，做到了形态、功能、结构的有机融合。

图 4-47 的 Borealis 柱状地灯，设计师佩里·金利用了紫花草的植物形态，根据室外灯具的功能、结构要求进行了仿生设计，结合地灯的使用环境，该灯具在使用状态就仿佛花朵在地面开放，仿生对象和使用情境有较强的关联性，造型简约现代。

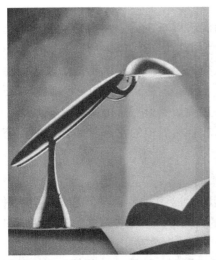

图 4-46　苍鹭台灯

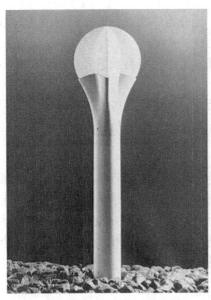

图 4-47　Borealis 柱状地灯

4.4.3　产品形态仿生设计方法

4.4.3.1　仿生对象的确立

（1）自然形态及分类

人类在生存和发展过程中不断地在蕴涵无穷资源的自然中进行适应和学习。不是所有的物态都适合进行仿生设计，要对其进行整理和筛选，选取适当的对象，然后再进行后续的设计工作。这种筛选和整理要遵循一定的原则来进行，才能达到预想的效果。

自然形态是指在自然法则下形成的，可以被人类感知的物态，如山川、海浪、动植物、云朵等。

自然形态又可分为有机形态、无机形态和偶然形态 3 类。其中有机形态是指可以生长、具有生命机能的形态。有机形态还可以分为动物形态、植物形态和微生物形态。微生物形态是指在常态下不能为人类所感知、人类需要借助仪器或其他手段才能感知其生命形态的有机物种。无机形态是指相对静止、不具备生长机能的形态，如岩石、山川等。偶然形态是指自然界中偶发的一种形态，这种偶然形态有可能是有机形态，也有可能是无机形态，它们的共同点是偶然形成的而非自然界中的常态，如云朵的形态、动植物的形态等。

(2) 自然形态的一般属性形态特征

每一种自然形态都有其特殊的形态特征，以区别于其他物种，但是每一类物种形态又有其共同的一般属性特征，以区别于其他种类的自然形态。几种基本形态的特征如下：

有机形态：具有生命力和生长的特征。

动物形态：具有人格化特点，如善良、可爱、狡猾、温驯、凶猛等，形态的形成与其自身的生存状态和所处食物链的位置密切相关。

植物形态：具有自然、温婉、优美、坚强、生命力等特点，形态的形成受内力和外力共同作用而获得。

微生物形态：具有数量多、形态简单的特征。形态不容易被感知，须借助外力才能被人类所察觉。

无机形态：无生命力特征，但是具有性格特征，如坚硬、博大、冷酷等。

偶然形态：无生命力特征，具有偶发性，无秩序性，形态相对单纯、活泼。

(3) 仿生对象的确立

在进行仿生形态设计时要根据设计物的目的、功用、使用环境、适用人群等诸多因素来综合考量和选取仿生对象。这个选择也要遵循一定的原则，详见仿生程序中仿生对象的选取。人们在基础训练环节，通常会指定仿生对象，或者给定一些形容词，根据形容词来进行发散训练，寻找恰当的仿生对象。在确定仿生对象时，必须对仿生对象有一个充分的了解和认识，从而在了解的基础上进行仿生设计。

4.4.3.2 仿生对象特征的收集与整理

自然形态无一例外都具有多种形态特征，不同的观察角度，不同的视点，整体和局部都会呈现出不同的形态特征。面对丰富多彩的形态特征，人们不能逐一罗列到设计形态中去，这就要求设计师对仿生对象的特征进行收集、整理，然后有所取舍。

(1) 仿生对象特征的收集

仿生对象特征的收集有很多渠道，可以是自身的体验、教科书上的知识、科教宣传片，也可以通过网络来进行广泛收集。收集的内容包括对仿生对象的介绍、特征表述、已经应用在设计中的范例等。

(2) 仿生对象特征的整理

整理的方法有很多种，人们在工业设计方法学中会学到归纳法、演绎法、列举法、类比法等多种手法，这里主要强调整理表述的方法。

整理表述要求图文并茂。文字内容应该包括对于仿生对象作为自然物种类特征的表述、习性的简单介绍、给人的惯常印象等描述性表述。图片内容应包括不同角度的仿生对象照片。以熊猫为仿生对象进行如下分析。

①熊猫的生理特性分析　性情温驯、憨态可掬，行动逗人喜爱，喜打滚、群体嬉戏。栖息于海拔 2000~3000m 的落叶阔叶林、针阔混交林和亚高山针叶林带的山地竹林内。无固定巢穴，边走边吃，喜单独活动，四处悠荡，常在大树下或竹林内卧睡。视觉较差，行动缓慢，但能快速而灵活地爬上高大的树木，并能涉渡水流湍急的河溪。主要以竹笋、竹叶为食，偶尔也捕食小动物。

②熊猫形体特征分析　体长 120~180cm，尾长 10~20cm，体重为 60~110kg。头圆而大，前掌除了 5 个带爪的趾外，还有一个第六趾。躯干和尾为白色，两耳、眼周、四肢和肩胛部全是黑色，腹部为淡棕色或灰黑色。

③关键词总结　圆润、敦实、胖、软绵绵，黑白相间。黑眼圈、喜眠，与竹为伴。可爱、憨厚。

4.4.3.3　确定仿生对象的选取视角

千变万化的自然界总是展现给人们无穷的变化和丰富的姿态，不仅视角不同会呈现不同的形态变化，时间的流转也会带来形态的变化，这就要求人们在进行形态模仿时要确定一个选取特征的视角。这种视角的确定有助于人们更好地提取仿生对象的特征。

在确定选取视角时可以从如下几个方面考虑。

(1) 整体选取还是局部选取

在确定是整体选取还是局部选取的时候，要根据所要表现的内容来确定。通常对小动物的模仿是进行整体选取的，而对于植物尤其是表现花卉的优美的时候，进行局部选取的时候较多。

(2) 动态定格还是静态定格

动态定格适合表现生命的张力，有不稳定和运动的感觉；静态定格适合表现仿生对象的固有特征，较为平和。

吉利汽车的形态设计，就是选取了熊猫的静态固有特征，采用大嘴式前脸设计，前大灯组酷似熊猫的黑眼圈，整体给人一种非常可爱、圆润的感觉，使车型外观看起来小巧，体现了设计师"外小内大"的设计目标，达到良好的内外和谐效果。

4.4.3.4　对仿生对象形态特征的抽取

对于仿生对象特征的抽取少不了两个步骤——简化和抽象。简化和抽象既有相同的地方，也有区别之处，可以单独或同时存在于仿生形态之中。

简化主要是指物理量上的减少和提取，而抽象更多的是人心理上的一种对客观事物的提炼和反映。简化是由多变少、由繁至简的过程；而抽象则更强调对事物本质特征的一个描述，抽象的事物不一定比它所表示的事物更简单。

(1) 主要特征的抽象

抽象是从众多的事物中抽取出共同的、本质性的特征，而舍弃其非本质的特征。在形态仿生过程中，抽象是一个提取的过程，即找到仿生对象中需要的突出的、个性化的形态要素，进行抽取和应用，并且在抽象的同时对设计形态进行不断调整，以达到设计需求。具象和抽象是一个相对的概念，通常认为最接近仿生对象的形态为具象形态，抽象后的形态为概念形态。抽象后的设计形态具有简化、几何化、秩序化等特征。

（2）次要特征的简化

简化是指对仿生对象特征的简化。自然界中仿生对象总是会具有很多的特征，人们在进行模仿的时候不可能对所有的仿生对象特征都全部再现，而是要有所取舍。从本质上说，整个仿生的过程都是一个逐步简化的过程，确定被模仿形态，确定模仿视角都是在简化，使设计者排除更多的干扰因素，专注地进行主要特征的确定和再现。

生物形态的特征大多是由主要的结构特征来决定的，因此在进行简化的时候首先要对生物整体结构进行分析，提炼出主要结构特征，对其进行简化处理，从而得到一个具有秩序性、规则性的特征结构。在这个过程中可以通过删减或者改变次要结构特征来突出主要特征，这就是简化的过程。

图 4-48 为毕加索的公牛图，形态越来越简练，线条越来越单纯，但是牛的特征却依旧鲜明，是一个生物形态逐渐简化的优秀范例。

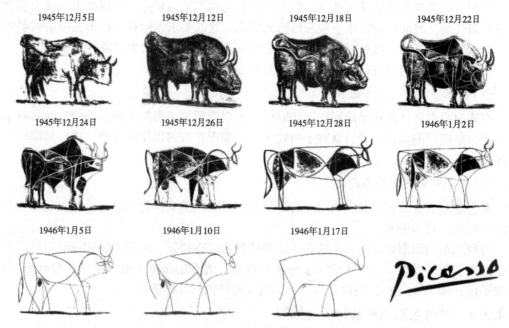

图 4-48　毕加索的公牛

（3）有目的的形态简化

由于绝大多数仿生对象的形态具象且复杂，为了适应现代人追求简约的审美需求以及现代工业机械化生产的客观要求，在对仿生对象特征的归纳和抽象过程中，应做到仿生对象由复杂到简单、由具象到抽象、由自由到规则的特征形态抽取。在训练中，可以有目的性地采用仿生对象从具象形态向几何形态逐格简化与抽象的方法。如图 4-49 所示，作者抽取了鸵鸟的整体形态特征，根据置物架的功能特点逐渐抽象和简化。

图 4-49　仿生鸵鸟的置物架设计

4.4.3.5　仿生形态的完善要点

(1)合目的性的美学要点

在进行抽象形态训练的过程中要遵循形态美的规律。人们在进行形态设计的时候总是有着这样或那样的设计目标(或者首要追求形态美感,或者有某些特定功能需求等),对仿生对象进行抽象的过程既要遵循美的最终目标,也不要忘记设计的最终需求。因此在这个抽象的过程中始终要遵循一种合目的性的美学原则。

(2)简洁化的设计要点

简洁化的设计要点是仿生形态设计的另一个重要原则,就是要在保证生物仿生对象首要特征的基础上尽量使设计形态简洁,并脱离自然形态,这样可以为后面进一步应用抽象形态奠定良好的形态基础。

(3)主要特征优先的设计要点

主要特征优先是指在简化过程中尽量保留仿生对象的主要特征,并对其进行抽象,这样做可以最大限度地保证设计形态与仿生对象的相似性,使人们看到设计形态时会产生与仿生对象的关联感受,进而达到仿生形态设计的目的。

4.4.3.6　自然形态到设计形态的演变方法

(1)简化

简化法包含规则化、条理化和秩序化等方法。仿生对象在自然条件下往往呈现一种非秩序化的自由形态,不完整且不规则。在进行简化的过程中,将这类线条、形态、构成要素进行规则化的完善,根据一定的条理秩序进行组合调整,就会获得比较理想的抽象形态。

(2)几何化

自然形态的结构特征比较复杂,在抽象的过程中通常会把复杂的形态简单化。在这一过程中最行之有效的方法就是用相近似的几何形来表达复杂的仿生对象,这样既保留了原型特征,又可以获得简洁的设计形态。

(3)变形与夸张

变形与夸张也是形态仿生的重要方法之一,夸张也是一种变形。变形和夸张可以通过两种方法来实现，即平整化和尖锐化。平整化可以削减仿生对象中的弱小对比，强调简化特征；尖锐化与平整化正好相反，是将自然原型的主要特征加以强调突出，使仿生对象的个性特征在设计形态中更为鲜明。变形与夸张大多数情况下会使设计形态更为简化，但有时也会使形态更为复杂，应用时要酌情处理。

如图 4-50 的蠕虫灯具，设计师在仿生设计的过程中充分利用了简化、几何化和变形的手法让原本使人心怀恐惧感的蠕虫变得极具装饰性，在形态、功能、结构之间实现了平衡。

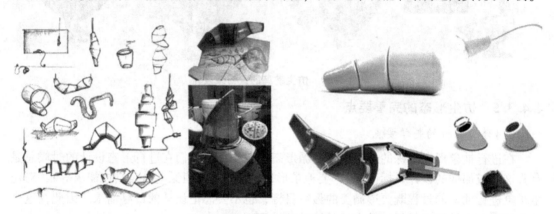

图 4-50　蠕虫灯具

作 业

1. 请结合形态心理与视觉动力，对你正在使用的签字笔进行造型分析。

2. 请结合第 3 章课后思考题中对图书馆自助借还图书机的功能分析，继续画出图书馆自助借还图书机的形态分析图，并进一步提出设计方案草图。

3. 利用仿生方法进行产品设计时，对不同类型产品，如文创产品、安防产品，应该如何考虑仿生对象的选取视角？

5 工业产品设计 CMF

内容简介

本章详细介绍了工业产品设计中的 CMF 因素，包括产品色彩设计的方法和原则、产品常用典型材料的特征与属性、产品设计中的材料加工工艺等内容，并结合具体产品案例引导学生对产品 CMF 进行综合设计。

教学目标

本章要求学生能够了解工业产品设计中的 CMF 因素的具体内容，初步掌握结合产品功能来综合分析产品 CMF 的方法和原则，具备根据用户需求来设计产品 CMF，并能给用户带来良好体验的设计能力。

如前述章节 4.1 所述，企业工业设计的外观部门通常设有形态设计和 CMF 两个分支，CMF 设计与形态设计一样，是赋予产品外表"美"品质的创造性设计活动，从某种意义上而言，它属于传统表面装饰设计的拓展和延伸。2000 年左右，欧洲设计界提出了产品 CMF 概念，即产品色彩（color）、材料（material）、表面处理工艺（finishing），把传统的产品表面装饰设计带入了一个新的领域，形成了以色彩学、材料学、工程学、心理学、美学等为知识体系，将流行趋势、工艺技术、创新材料、审美观念等设计元素进行交叉融合，进而赋予产品时尚品质的表面形态设计过程。

概括而言，CMF 的基本内涵即为"对色彩、材料和表面处理工艺进行集成与优化，以赋予设计对象最佳的外观形态、功能和品质"。CMF 设计是基于 CMF 基本内涵衍生出的针对现代产品色彩、材料、表面处理工艺以及隐含于表面处理工艺之中的图纹（pattern）这 4 个设计元素的综合最优化解决方案，它使设计对象在现代设计法则与情感交互理论的基础上，形成了美观与功能的最佳平衡，并形成了最优化的用户体验。

5.1　工业产品设计色彩

5.1.1　产品色彩传达力

(1) 色彩对产品功能的传达

包豪斯时期曾提出"形式必须服从功能"的设计原则，而这一原则也同样适用于产品色彩设计。色彩在产品设计中具有相对的独立性，不合理的色彩设计对产品的功能性有负面的影响。因此，在设计中要应用色彩的情感属性，使产品的色彩与功能相结合，提升产品的功能体现，促进产品与人之间的沟通与交流。

①强化产品基本功能　产品的功能是一个产品的固有属性，而色彩作为一种视觉符号，无法直接传达产品的现实功能。当色彩与产品的属性相一致，色彩的符号语义就会与产品的功能相统一。成功的色彩方案可以完美地结合产品的实用性与审美性，取得高度和谐的效果。

每类产品有其自身的独特性，因此对色彩的要求也各有不同。有些产品要求产品外观色彩有清洁感；有些产品要求色彩有稳定安全感；有些产品要求色彩有豪华感，而有些却要求配色朴素。例如，空调、风扇、冰箱等产品，其功能是降温和保鲜，宜采用浅而明亮的冷色来突出它们制冷的特性。

在色彩语义中，产品色彩的功能性原则是建立在色彩的联想与象征的基础之上的。如常见的消防头盔，采用了红色来表达其功能属性，红色有警示提醒的含义，引起使用者的注意。

产品的色彩不但要体现产品本身的功能，还要与产品的使用环境相匹配。医疗卫生场所中，经常选用洁净、缓解紧张情绪的配色，而避免使用过分刺激且容易导致视觉疲劳的配色。在缓解人体疲劳的产品中，如香薰机，多采取自然木色和白色，使人联想到大自然的和谐与宁静，给人充满生机和舒适的印象。

②表达指示功能　利用色彩作为信息，帮助使用者更好地使用产品，即产品的指示性，也可以理解为人机互动的协调性。在产品的色彩设计中，色彩符号语义表达得越清晰明了，产品的指示性越强。

色彩的指示性对产品使用操作的影响很大。合理的色彩指示性能提高使用者操作的准确性，提高工作效率，减少差错和事故的发生率；而有问题的配色则会导致操作的失误，降低工作效率，甚至引起安全问题。

产品的指示性是通过色彩强调产品的主要功能部分，如重要的开关、手柄、手轮、旋钮、按钮等操作部件，刻度表盘、面板控制等显示部件，商标、标示、装饰带等标示部件。通过色彩强调产品的某一部件，使其在视觉上突出于其他部分，吸引人们的视线。电钻上主体常采用沉稳的深蓝色和黑色，而扳机和各种调节钮则常采用鲜艳的红色，在比例和色彩上形成强烈鲜明的对比，提高了功能的识别性，方便操作。

③划分产品功能区　通过色彩的对比，对功能区进行划分，强调不同的功能和结构特点，以色彩制约来诱导行为。通过色彩对产品的局部与整体进行合理划分，明晰且有秩序

地表现出产品的组合部件和功能区域。如数控机床,整体造型简练,采用了蓝色和灰色相结合的配色方案,两种颜色划分了不同的功能区,增强形态的视觉辨识性,形成不同的视觉层次,不但有利于使用者的操作,还方便后期的维护与拆装。

④突出安全性　色彩中安全色的使用可以表达禁止、停止、危险等含义,从而提供安全信息。如红色注目性高,远视效果强,在视觉心理上使人产生紧张感;同时,红色容易使人联想到危险,因此用作停止或警示色非常适宜。很多有危险的部件、标示禁止的交通标识均采用红色。

在自然界,很多生物都呈现鲜艳的色彩,其色彩组合是出于物种生存需要,起到警示天敌、隐藏自己的作用,从而达到保护自己的目的。例如,瓢虫的红黑配色、黄蜂的黄黑配色,都是一种警戒色。工具多采用明度高、纯度较高的红色、橙色、黄色为主色调,引起人们的注意,从而起到警示人们安全操作的作用。也可以将这种配色方案应用于操作界面中,用于警戒其产品操作过程中可能出现的危险性,以提示用户注意操作安全。

在设计安全系数要求较高的产品时,更要考虑色彩使用者安全操作中所起到的重要作用,这与色彩的易见性有着密切的关系。前进色的易见性好,后褪色则反之。见表5-1所列,国家标准中对色彩使用和含义也有明确规定。

表5-1　国标中规定的色彩使用和含义

色　彩	含　义	说　明	举　例
红	紧急情况、"停止"或"断电"	在危险状态或在紧急状况时操作;停机	紧急停机; 用于停止/分断; 切断一个开关
黄	不正常	在出现不正常状况时操作	干预; 参与抑制反常的状态; 避免不必要的变化(事故)
绿	安全;启动或通电	在安全条件下操作或正常状态下准备	正常启动; 接通一个开关装置; 启动一台或多台设备
蓝	强制性	在需要进行强制性干预的状态下操作	复位动作
白 灰 黑	没有特殊含义	一般地引发一个除紧急分断以外的动作	启动/接通; 停止/分断

总而言之,产品设计的用色不仅考虑到审美,还要考虑实际效用,达到色彩美与功能的统一。色彩的功能性原则是每一个产品色彩设计首要考虑的因素。产品的配色方案应与产品自身的功能相符合,为消费者传递出准确的使用信息,通过色彩设计使产品给人信任、安全的感觉。

（2）色彩对产品形态的完善

在本书的第 4 章，我们详尽的描述过形态与产品的功能、结构、色彩、材质等各种因素密切地结合在一起，所以产品形态可以向使用者传递产品的各种信息。任何形态都具有色彩，产品的色彩与形态都可以被视为一种视觉符号，具有语义功能。形态与色彩相辅相成，具有合理形态的产品配以独特的配色方案，对使用者的认知和使用起到至关重要的作用。利用色彩本身具有的统一、平衡、强调、丰富、对比等作用，使产品具有独特的形态视觉效果，有利于产品信息的传达。

在进行产品色彩设计时，产品配色的视觉心理要求平衡，当取得平衡后，配色才能达到和谐统一。不同的平衡关系受到色彩的强弱、面积的大小和色彩配置位置的影响。例如对产品进行色彩配置时，明色在上，暗色在下则稳定，反之则有变动感。考虑色彩与视觉心理平衡时，必须与产品的体量平衡因素相结合，才能达到视觉心理平衡的总体效果。为达到视觉平衡，从色彩的分布位置来说，一般要遵循的关系是上轻下重和上虚下实，上部醒目、刺激和下部沉重、稳定以及左右烘托的关系。这样能形成对比与协调的平衡稳定感，又能加强立体感的整体性。如重型工程车辆底部常用重色，上部则用轻色，以达到稳定的效果。

（3）色彩对产品情感的表达

色彩的心理和情感是人们对于客观世界的主观反映。产品色彩设计中，应该坚持以人为本的原则，考虑个体差异，满足人们的心理需求，实现产品色彩的人性化设计。人们对于色彩的感知是与具体的事物、形象、环境有着密切关系的，人们的年龄、性别、生活经历、职业、知识修养、生活环境等因素对人们色彩喜好的形成有着不同程度的影响。因此，各类人群对于色彩所产生的感情和心理也不尽相同。

①年龄因素　儿童的想象力非常丰富，他们通过色彩、形状、声音等感官的刺激直观地感知世界。在他们的眼里，只要是对比反差大、浓烈、鲜艳的纯色都会引起他们强烈的兴趣，也能帮助他们认识自己所处的世界。利用多种鲜艳色彩的搭配，便可表现出儿童热情、活泼的个性。鲜艳的色彩不仅适合儿童天真的心理，而且会洋溢起希望与生机。高纯度、高明度的色彩，像活力四射的黄色调、健康自然的绿色调、朝气蓬勃的红色调等，更能够吸引他们的注意力。在设计儿童服装和玩具时，合理运用活泼、明快、鲜亮、对比强烈的色彩，可以赢得孩子的喜爱；而平淡灰暗的色彩设计，则会受到孩子的冷落。但要注意到，儿童阶段的年龄跨度较大，三岁的儿童和十二岁的儿童喜欢的色彩差异性很大，要注意细分（图 5-1）。

对于追求时尚、强调个性的年轻人，他们似乎更喜欢比较明快、活泼、流行性较强的色彩搭配，以符合他们的审美视觉和心理特征。图 5-2 为将用户群定位为年轻人的时尚家居品牌"吱音"品牌的产品设计，色彩设计既符合了年轻人的审美特征，又符合家居环境温馨舒适的特点。

成年人随着文化、职业等因素的影响，形成了各自不同的色彩偏爱。他们所钟爱的色彩多为明度和纯度适中的柔和色彩和比较深沉、稳重的色彩。

设计适合老年人的配色方案，要尊重老年人的生活习惯，有助于老年人保持愉悦的心情。大多数老年人不喜欢有孤独寂寞之感，在环境的色彩设计上不宜使用给人太过宁静感

图 5-1　儿童水杯和玩具

图 5-2　"吱音"品牌的产品设计

的冷色系。但太过艳丽的色彩又会刺激老年人的视神经和脑神经，打破心理上的平静感。所以，在选择适合老年的配色时，需根据老年人自身的身体和精神状态选择颜色适中的配色。

②文化因素　对色彩偏好性有两个特点：一是既存在人类的共性，又表现出明显的个性差异；二是色彩的文化性，对色彩的偏好程度因色彩的文化价值的不同而不同。无论是从文化角度还是从人们的精神层面来看，色彩作为人们感情和心灵的一种投射，深入人们的日常生活之中，并在人们的日常生活中有着重要的价值和意义。

色彩设计，不能脱离时代，也不能脱离国家、民族和地区的要求。由于传统文化、信仰等方面的不同，就有对色彩的感受和爱好特征方面的不尽相同。

首先，色彩的民族性要求是非常重要的。例如，有些调查显示，中国人喜爱红色，但英国则视红色为低劣色；黄色在我国古代认为是高贵和神圣之色，但在伊斯兰教地区则代表"死亡"；在我国蒙古族喜爱黄色，而苗族和维吾尔族却忌用黄色等。所以在产品色彩设计中，针对特定的目标人群，设计师不应只按照个人喜好来确定色调，还需要充分调查、了解特定文化背景下的色彩象征含义，才能设计出既有共性又有特性的具有象征性的色彩语言，拟定出理想的、富有象征意义的色彩配色方案。

③时代因素　人们的审美观随科学技术的发展、文化艺术修养的提高、生活水平的改善、时代的不同而具有不同的标准，个性化设计的时代使得产品的色彩化趋势越加鲜明，

也为新产品色彩设计提供切实而可靠的依据。例如，图 5-3 所示不同于以往理性、单一、沉闷的无彩色系色彩设计，苹果公司在 1998 年推出了具有全新理念的苹果 iMac 电脑，摒弃了米黄色外壳，代之以半透明状、五种色彩的糖果色外壳，这样大胆的时尚色彩设计受到了市场的热烈欢迎，满足了人们深层次的精神文化追求，引起使用者感情上的共鸣。

图 5-3　苹果 iMac 电脑

总之，随着社会的发展，除了对产品功能的要求外，人们逐渐提高对产品的精神需求，以表现消费者自身的社会、文化、经济地位和对生活的情趣。设计师在产品色彩设计时应考虑产品色彩所蕴含的精神价值与情感表达。

（4）色彩对品牌特征的体现

品牌是一家企业的综合品质的体现和代表，是客户对企业产品、服务、文化的认知。企业通过产品、包装、广告和标识等一系列的视觉形象，使消费者不断体验、感知企业的品牌概念和价值文化。在利用产品设计打造企业品牌的过程中，色彩是体现视觉优势的一种捷径。因为，人们对于一件产品的认识，色彩是先于形态的，色彩是人类视觉中最响亮的语言符号。现代生活的节奏步调快，各种传媒大众发展迅速，人们每天都会接触到大量的企业产品与标识，这就要求企业的产品与标识具有很高的辨识度，才能在短时间内从众多的同类产品中脱颖而出，给消费者留下深刻的印象。根据日本立邦设计中心的研究显示，色彩可以为产品及其品牌的传播扩展 40% 的消费人群，提升人们 75% 的理解力。

产品色彩是企业品牌形象的重要组成部分，色彩贯穿于品牌运作的每个环节。在进行色彩设计时要紧紧围绕品牌的既定策略，关注于色彩系统的选择，创造出与众不同且有效的色彩识别系统，独特的色彩规划能够使企业同其他同类产品企业相区别，取得相对优势。如可口可乐公司的红色已经成为企业文化成功品牌的象征，可口可乐的饮料类产品一直采用经典红色设计，可口可乐和安踏、九阳等中国本土品牌的联名单品也都是红色主色调，充分突出了企业的品牌特征。

5.1.2　产品色彩定位依据和方法

一件成功的工业产品在设计初期就应该对用户和市场进行了准确的调研和定位，即已经明确了该产品上市之后，它的使用对象特点、购买对象特点、用户文化背景、销售地区地理环境等基本情况，然后根据目标用户的喜好，有的放矢地设计产品的功能、形态、色彩及其产品的包装等。具体到产品的色彩设计方面，其定位就是企业为了使自己的产品在市场和目标消费者心目中占据明确的、深受欢迎的地位而做出的产品色彩决策和活动。特别是基于目前市场同质化现象严重，差异性减小的背景，如何依靠色彩使产品在目标消费者的心目中占有一席之地，使得产品色彩计划成为设计计划中一项非常重要的考量因素。

产品设计的色彩定位是一项非常复杂的工作。除了美学意义上的色彩设计外，还涉及决定产品色彩的多个方面：在不同的时代背景下产品流行的色彩是不同的；不同的地理位置、国家、民族对色彩的认知是不同的；在不同的环境下使用的产品色彩是不同的；不同企业基于企业自身的标识性和品牌形象，其色彩策划是不同的。面对这些不同或差异，企业在产品开发中必须要综合考量各方面的因素来进行产品色彩的定位。

（1）针对产品属性的产品色彩定位

①根据产品发展阶段的色彩定位　进入市场的产品具有一定的生命周期，按照产品的发展阶段来划分，产品的生命周期可以分为导入期、成长期、成熟期和衰退期，如图5-4所示。不同生命周期阶段的产品色彩设计策略是不同的。在导入期和成长期，配色主要突出产品的功能性特点，形象要明晰、易于辨认和接受，这样有助于扩大产品的知名度。在成熟期和衰退期，色彩设计以

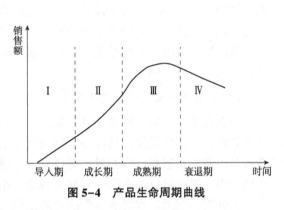

图5-4　产品生命周期曲线

挖掘市场潜力为目的，可以用修改色彩体系的方式延长商品寿命。如增加新式的色彩设计方案、采用流行色等方式。

对于不同的产品生命周期阶段，产品色彩设计也相应地具有一定的规律，见表5-2所列。

表5-2　产品色彩的发展阶段

产品的生命周期	导入期	成长期	成熟期	衰退期
产品的特点	新	好	稳	转
设计的发展	更看重产品的性能，适合识别度很高的色彩	加强对设计的认识，采用能强烈体现出产品存在的基色	注重表现品牌形象，产品色彩注重体现品牌个性与价值	旧产品的衰退并向新产品转变，注重体现产品的革新
色彩的设计	单一色彩	大众认可的基本色	色彩的搭配时尚，体现时代感	色彩的大面积改变

a. 产品导入期：产品刚刚导入市场，知名度还不高，消费者们对于产品的了解还不足，这个阶段消费者所主要关心的是产品的性能及其功能。因而，为了提高产品的辨识度，处于这个阶段的产品一般采用单一的颜色来吸引消费者的注意。

b. 产品成长期：这个阶段同类产品增多，开始出现竞争局面，这个阶段的生产者的主要任务是想方设法让目标消费者感受到产品的"好"，以此来增加竞争力。这个时候产品的购

买群体逐渐扩大，所以产品色彩设计应该针对不同的类型，采用各群体喜于接受的色彩。

c. 产品成熟期：这个阶段产品已经具有了一定的知名度，在目标消费者的心目中已经占据了一定位置，此时生产者主要是要突出产品的"稳"，更多的体现产品的内在价值。因此这个阶段产品色彩设计的重点要强调产品的时代感和个性感，彰显产品品位。

d. 产品衰退期：这个阶段产品已经面临着衰退和需要革新的境地。人们对于产品的认知高潮已经逐渐消退，所以，这个阶段应该着重革新，在产品色彩方面采用大范围的改变来重新塑造产品形象。

②根据产品功能用途定位　色彩设计与产品的功能关系密切，色彩搭配与产品的形态、结构、功能要求达到和谐统一，是色彩设计成功的重要标志。选择特定的色彩与产品性能、用途相适应，无须文字说明便能使消费者自然而然的产生特定的联想。电暖扇为体现产品的散热功能，多用橙色、红色等暖色调；电风扇为体现清凉舒爽的产品功能，多用蓝色、绿色等冷色调。

(2)针对消费者的产品色彩定位

①针对不同年龄、性别的色彩定位　产品设计定位中首先考虑的是设计对象的问题，在色彩设计中同样适用。色彩心理学的研究表明：不同性别、年龄、收入、性格倾向的消费者对色彩的敏感程度有差异，对色彩的选择也多有特点。如果产品色彩具有简洁明了的表现能力，那么就可以在第一时间里触动并牢牢抓住消费者的心。

②针对不同地区和场所的产品色彩定位　不同地区有着不同的历史、人文、生活和习惯，在设计时要从这些特点考虑进行色彩定位。例如，农村及小城镇地区的色彩相对朴实、单纯，因经常面对绿色植被，日久生厌，所以偏好于红色、橙色等暖色；少数民族地区遵从民族习俗的用色习惯，产品色彩民族特色显著、民族风情浓郁；住在城市或工业区的人，因目睹自然风光的机会较少，所以一般都喜欢草绿色或青色等冷色系。

③针对不同文化背景的产品色彩定位　色彩是文化的表达形式也是文化本身。世界各国色彩文化的基本含义有很大的不同。有许多颜色在不同的地区代表了完全相反的含义，例如，白色在亚洲一些国家常与死亡有关，在欧洲却代表着纯洁、神圣。人们在所处的文化环境中长期形成的审美体系往往是根深蒂固的，它时刻影响着人们的色彩选择。

各国对本民族文化或一定文化圈的传统文化都会进行自我保护，对外来文化进行选择，防止破坏性文化的入侵。所以企业是无力在短期内影响或改变东道国的色彩文化的，只有调整自己的产品去适应并遵循其规律和原则。如果忽视对东道国色彩的了解，频繁触犯其色彩禁忌，即使产品的性能、结构等方面设计得很好，最终的营销活动也会受到负面影响。

④针对不同阶层的产品色彩定位　低收入阶层求实、求廉，不喜爱张扬，因此他们选择产品的时候更加热衷于体现朴实、朴素的色彩系列；高收入阶层的消费者注重心理需要的满足，关注产品的色彩、情调和象征意义。因此，针对这一目标消费群的色彩应用更应该多使用色彩明度较低的一些，体现出高档质感和深度内涵特点的色调。

一个国家的发展水平也会影响人们对色彩的偏好。文化水平较高而又经济富裕的国家，由于文化层次高，更多追求情感上和精神上的享受，对于品质的要求很高，有较强的支付能力。色彩定位应以品位高雅的、个性化的、精致的、淡雅的色彩组合为主，不落俗套，并具有文化的氛围，能够使产品传达出一种与众不同的优越感。相反的，文化水平较低而落后的国家，人们大都喜爱鲜明的原始色彩。此外人们对色彩的喜好，也常常受时代是否动荡影响，战乱时代的人们大都喜爱浓厚强烈的色彩。太平盛世的时代，人们大都喜爱淡雅和谐的色彩。

⑤针对个性群体定位　个性群体是特殊的消费群体，他们在性格及行为上我行我素，不拘泥于公众认同的审美标准。他们个性鲜明，追求与众不同、标新立异，在产品色彩定位上应以夸张的、无规范的、抽象的色调为主。现在，随着时尚风潮的席卷，个性群体的队伍也逐渐庞大起来，加之产品越来越丰富，同质化现象严重，企业为寻求产品的差异化，在产品的色彩定位中采用个性化定位来拓展新市场。

(3)针对流行时尚定位

随着色彩越来越成为影响消费者购买行为的因素，以及消费者所表现出的追求时尚的消费心理，流行色已经成为商业竞争的必要手段，它既可以引导消费，又可以促进消费。在国内外采用流行色进行设计的产品不仅易于销售，而且还可以卖出更高的售价。因此，许多大型企业热衷于通过对流行色彩的研究，来引领市场潮流，从而占据较大的市场份额。

近年来，潘通公司评选的年度代表色已经影响众多产业的产品开发与采购决定，包括服装、家饰纺织品和工业设计，以及产品、包装和平面设计。在时尚消费领域，如电子类商品、汽车、箱包、饰品、服装等，由于产品的流行时尚特点明显，色彩设计在这一领域凸显其重要性。因此，这类商品的生产企业就更需要密切追踪市场的色彩嗜好，根据不同流行色权威研究组织发布的流行色信息，不断改进产品的色彩，使产品色彩始终满足人们的喜好与需求，从而使产品受到市场的欢迎。

(4)针对竞争对手的定位

企业把产品投放到已经确定了的目标市场之后，往往会面临来自目标市场的竞争对手的各种竞争，如价格、产品服务、产品性能的竞争等。从色彩设计来讲，根据竞争对手的定位是指根据企业自身的状况和市场竞争的态势调整色彩设计策略，一般采用与竞争对手对峙或回避的定位方法，即错位定位法。错位定位法首先要深入调查市场上主要竞争对手的产品定位情况，然后根据对手的定位策略制定出自己产品市场定位的一种方法。

5.1.3　产品色彩定位原则

(1)准确性原则

一个品牌的产品能否得到消费者的认可，一个主要方面就是如何把定位信息正确地传达给消费者，并尽量同消费者的生活贴近，同消费者的认知习惯相符，让他们产生亲近感、认同感、信任感，从而接受产品并喜爱产品，在消费者心目中对产品留下深刻的积极印象。对于产品色彩而言，在消费者心目中对于某些特定的色彩已经产生了固有印象，因此，在进行产品色彩定位的时候，必须对色彩进行大量的研究和分析，针对不同民族和不同文化的消费者应该使用符合他们相关特性的产品色彩，这样才能做到产品色彩定位的准确性。

（2）独特性原则

独特性原则是指与市场上出现的主要流行风格相异，走个性化、另类化路线。在充分市场调查的基础上，通过认真的分析，找出竞争对手没有使用的色彩，并分析其应用可行性，从中找出一个可以体现产品或者品牌的代表色彩。同时结合大量的个性广告对产品的个性色彩进行宣传，使其在消费者心目中留下深刻印象，并引导消费者尽快地接受此个性色彩。独特性原则可以为产品设计增添创造性成分，符合市场多元化发展的趋势。

依据这样的定位原则可以突出品牌个性，抢眼而富有特色，能在消费者心目中形成比较明显的产品（品牌）风格，增加产品的附加值。此原则更适用于走中高档路线的、以质取胜的产品色彩定位。

（3）针对性原则

企业或者品牌都有自己的营销目标和品牌定位，他们都希望通过生产适销对路的产品来获取最大的经济效益。但市场是庞大的，消费者的需求是多样的，没有一种产品可以满足整个市场。因此，要在激烈的市场竞争中站稳脚跟，企业就必须明确要针对的目标。

企业对于市场进行充分的调查后，需要对市场进行准确细分，确定相应目标消费群体，再对该目标消费群体进行更加细致的调查分析，找到目标消费群体的色彩喜好与色彩忌讳等因素，针对性地对该群体进行色彩定位，来保证自己的产品色彩可以最大限度地符合特定消费者的需求。

（4）长期性与一致性原则

定位是一种对消费者印象与认知的长期积累，一旦确立了定位，除非有特殊情况发生必须加以改变，否则一定要保持定位的长期性与一致性。因为，轻易改变定位的结果，可能既减弱了产品的形象，又使竞争者乘虚而入，抢占了原有市场份额。因此，一旦确立了企业与产品的色彩形象，就不能轻易地改变，即使改变也要采用循序渐进的方式来进行。针对时尚型的产品，还需要根据色彩的流行趋势进行适时的调整和改变，以满足具有不同色彩喜好的消费者。

（5）统一性原则

产品的色彩定位应该与公司产品的战略定位保持一致，顺应时代潮流来设定商品的色彩形象。商品色彩形象的设计应考虑商品本身的造型、材料、图案、用途等因素，进而确定商品本身和商品包装的色彩。

5.1.4 产品色彩设计方法

在进行产品色彩设计时，"设计色彩采集与重构"的方法非常有效。艺术源于生活，产品设计中的色彩采集与重构也是如此。如果只按照色彩的一些基础理论进行色彩设计，多少会导致搭配选择模式的固化，导致色彩搭配不够灵活和生动。因此，应该从生活中、从传统文化中汲取营养，寻找其中的色彩灵感源，通过对色彩灵感源的分析、采集、转移、重构来重新进行配色。

5.2 工业产品设计材料

产品材料既影响产品功能，又左右产品形式。包豪斯伊顿曾说："当学生们陆续发现可以利用各种材料时，他们就能创造出更具独特材质感的作品。"在产品设计中，主要结合产品功能、使用场景与人群、价格定位，综合考虑产品的固有特性与派生特性，选择合适的材料，从而优化产品性能，提升产品内涵，丰富产品系列，同时降低产品生产成本。

纵观利用材料来创造设计的历史，可以清楚地看到，每种新材料与生产技术的发现、发明和变革，都意味着一种新的设计语言的创造和应用。而人们对材料认识的每一次深化，都意味着人们关于材料的原有观念被改变，设计随着社会的发展而变革，不仅有思维观念的、艺术形式的变革，也随着新材料、新技术而变革。

伴随着技术革新和材料升级，材料在人们生活中的价值也在慢慢发生着变化，这里所说的并非新材料的科学价值，而是指其在现代生活中发挥的作用。在消费者关注的产品卖点中，材料变得越来越重要——表面使用抗菌材料更加卫生；先进复合材料可以为消费类电子产品营造出更加高端的心理感受；在室内设计中，用石头、玻璃、不锈钢等材料会给人一种真实感；使用环保材料有助于减轻人们对环境恶化的负罪感，同时也会让消费者感到贴心。

材料是设计的载体，设计在一定程度上又是对材料的表达，设计师对材料的理解力和驾驭力，对设计中材料的正确选择与合理应用有着非常深远的影响，而这个环节在工业设计中又扮演着极其重要的角色。尤其是随着科技的不断进步，工业设计的重点向着工艺、材料、工程等方向深入发展。设计材料由比较单一的木材、陶瓷、玻璃、金属到越来越丰富的塑料、复合材料等，这些新材料的创造为产品设计展开了一个更为广阔的天地。

5.2.1 产品常用典型材料

做设计以前，必须对各种材料的性能了然于胸，这样才能为某一工业产品选择合适的材料，并能灵活地运用材料的各种特性，从而能最大限度地发挥材料的性能，设计出更加完美的形态。下面列举了一些常见材料的基本特性。

5.2.1.1 塑　料

一个多世纪以来，塑料对社会产生了深刻的影响，塑料成型能力极强，是批量生产的理想材料，在20世纪的发展本质上与大众化产品的理念相关联。塑料主要采用热挤压成型及注塑成型技术，可以完成高精度、数以亿计的零部件加工。作为大规模生产的用料，塑料创造了很多色彩斑斓的产品，仅凭一己之力就改变了这个世界的样貌。

塑料种类很多，到目前为止世界上投入生产的塑料大约有300多种。塑料材料因为性能优异、加工容易，在塑料、橡胶和合成纤维三大合成材料中，是产量最大、应用最广的高分子材料。目前，塑料材料的应用领域仍在进一步扩大，已经涉及国民经济及人们生活的各个方面。各种不同种类的塑料提供满足不同需求的品质与属性。它们可以坚硬或柔软、清澈、白色或彩色、透明或不透明，也可以塑造成许多不同形状与尺寸。

人们有时候会将塑料和廉价、艳俗画上等号，然而，20世纪五六十年代，一批优秀的意大利设计师应用塑料创造了很多令人振奋的新样式，这些样式迅速转变成现代性的象征，日常的家庭用品如发刷、粉盒、烟灰缸等都因为与现代性的象征关联而获得某种程度

图5-5 仓俣史朗 Shiro Kuramata 之椅

的认可，甚至使塑料珠宝在珍贵物品之列也获得了一席之地，被看作现代设计的"经典"物品，其象征意义极其深远，为塑料赢得了大众的高度认可。在医疗保健领域，人体器官也可以用塑料人造器官代替；塑料也可以使交通工具轻量化，例如，空客A380的机翼前缘就用塑料制成，塑料柔软、舒适，具有缓冲性能，可以用来制作跑鞋及水晶般的透明椅，如图5-5为日本设计师仓俣史朗用在透明的丙烯树脂中加入了塑料玫瑰花，使得椅面和扶手里带叶的红玫瑰能够悬浮在半空中，这些看起来廉价的材料却因其巧妙的设计、奇特的美感、强烈的叙事，并且对追求精湛工艺价值的坚持，成为20世纪末期最受欢迎的设计之一。

然而，塑料同时还带来了生态灾难，随处可见的一次性塑料废弃物填埋场、焚烧塑料释放的毒气，以及大量的塑料处理工厂都在提醒设计师和工程师要对塑料回收的新方法、新技术深入研究，强调能进行可以持续应用的塑料创新。表5-3列举了一些比较常见的塑料类型与用途。

表5-3 常见塑料的性能和用途

名　　称	性　　能	用　　途
聚乙烯	性软、凹吹塑成型，呈透明、半透明或透明、表面质感似蜡	油桶、水壶、玩具、包装等
聚丙烯	表面强度好，可塑性好	容器、盖、盒、安全帽等
聚氯乙烯(PVC)	呈透明、半透明或不透明，质轻，牢固，可制成软硬程度不同的制品，可塑性好	各种容器、管道、雨衣等
聚苯乙烯(PS)	透明性好，色泽鲜艳，但易脆裂	各种器皿、冰箱部件、保温泡沫塑料等
聚碳酸酯(PC)	透明度极佳，易加工，坚韧，可回收	手机外壳、防撞头盔、灯具等
ABS	有较高的强度、刚性和化学稳定性，能电镀和喷涂	家用电器外壳、工具箱、旅行包等
聚甲基丙烯酸甲酯(PMMA)(有机玻璃)	耐高温，强度好，摩擦因数小	工程部件、厨房、卫生洁具等

图5-6为美国设计师约瑟夫富勒克斯于1993年设计的哈瓦那系列灯具，灯光透过"雪茄"状的灯罩，散发出温暖的光线来，灯罩用聚乙烯塑料经注射模铸法成型为雪茄形状，然后锯成4段。

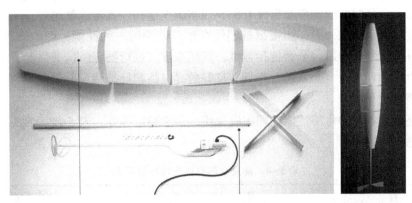

图5-6　哈瓦那系列灯具

图5-7为菲利普斯塔克于1993年设计的壁灯"Wall-A Wall-A"，灯具带有一个褶皱灯罩，是真空成型乳白色聚碳酸酯材料，可拆卸，便于养护和更换里面的滤光片。灯具背板是热型聚氯乙烯塑料栅条(透明的绿色、赤或赤褐色)。

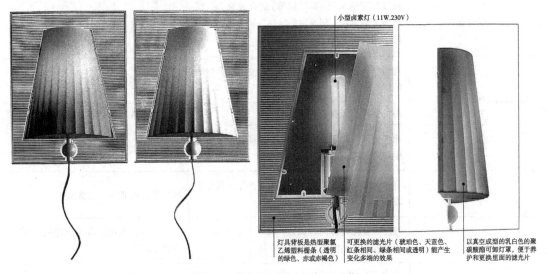

小型卤素灯（11W.230V）

灯具背板是热型聚氯乙烯塑料栅条（透明的绿色、赤或赤褐色）

可更换的滤光片（琥珀色、天蓝色、红条相间、绿条相间或透明）能产生变化多端的效果

以真空成型的乳白色的聚碳酸酯可卸下灯罩，便于养护和更换里面的滤光片

图5-7　壁灯"Wall-A Wall-A"

5.2.1.2　金　属

元素周期表中大概有3/4都是金属，其中约1/2有商用价值，这些金属元素至少能合成出1万种不同的合金，例如，不锈钢就是铁、铬、镍的合金，各个元素的特性在其中都得到了利用，把不起眼的碳钢变成了硬度更高、不生锈的不锈钢。

设计师只有对金属材料充分了解，才能在设计中灵活地运用和体现金属的特点，设计的产品在生产工艺上也更易于实现。而且最好能够在产品正式投入生产之前，通过手工来制作样品或模型，从而更直观地把握产品的形态特点。金属材料的性能特征主要包括：

①弹性　指金属受外力作用而发生变形，当外力消失后又可以恢复原有形状的性质。金属抵抗或阻止弹性变形的能力又称刚度，刚度越高，金属越不易产生弹性变形。

②可塑性　金属在外力作用下能产生永久变形，在外力消失后保留下来的永久变形即为塑性变形。金属材料的塑性与温度有关，通常温度越高，其塑性就越好。

③强度　指金属在外力作用下抵抗塑性变形和断裂的一种性能，即金属的结实程度。根据所受外力不同，金属可分为抗拉强度、抗压强度、抗弯强度、抗剪强度。

④导电性和导热性　金属通常都具有良好的导电性和导热性，并且金属在一定温度下会变形甚至熔化。

金属还具有各自的化学性能，如耐腐蚀性、化学稳定性等，表5-4为常见金属种类的性能和用途。

表5-4　常见金属种类的性能和用途

名　称	性　能	用　途
低碳钢	黑色金属，含碳量低，性质较软，不能淬火硬化，容易焊接和加工成形	用于各种铆钉、链条、机器部件等
熟铁	黑色金属，含碳量极少，容易加工锻造	用于一些装饰件
铝合金	通过与其他金属（铜、锌等）结合成合金，既保留了铝质轻、耐腐蚀的特性，同时还具有很好的强度与硬度	各种容器、装饰标牌、门窗及柜的框架、电器外壳、机械制造等领域
铝	银白色，质地轻软，易于加工，变形抗腐蚀性能好	各种器皿和电器工业
中碳钢	黑色金属，强度比低碳钢高	用于加工各种机器部件、金工工具
高碳钢	黑色金属，容易淬火硬化、热处理等，性质坚硬，难切割与弯曲	各种机床上的切削工具，金工工具
铜	有色金属，有很好的导热和导电性能，易加工成型，但容易生锈	装饰件，器皿以及电器工业
钛	强度重量比较高，耐腐蚀，具有生物相容性，可回收，导热性差，生产成本高	人工关节，飞机机身和涡轮机，电子消费品外壳
锌	耐腐蚀性高，可替代塑料用于复杂零件成型，表面处理性能高，硬度好，熔点低，脆性高	锌合金较常用于门把手、卫浴龙头、开瓶器等

图5-8为西班牙设计师塞尔希·德维萨于1987年设计的"铁奇塔"茶几，造型基于非常简单的几何学，材料采用一张圆形薄铝片，在其周边作三等分，切开并向下弯曲即成，桌腿末端材料是锻造铝块。

图5-9为西班牙出品的ZEN灯具，灯具的造型灵感来自东方剑道的面具，希望传递出一种"温暖和神秘的效果"，材料采用的是锌基合金，比铝更重，采用注射模塑法成型，表面经过抛光处理；聚碳酸酯塑料滤光罩使光产生一种微妙的效果。

图 5-8 "铁奇塔"茶几

图 5-9 ZEN 灯具

5.2.1.3 木 材

木材也是设计中常用的一种材料,尤其在家具和环境设计领域,木材的物理性质主要包括木材的含水率、干缩湿胀以及容积重等。含水率是指木材中水分的重量与全干状态下重量的比值。通常北方为 12%,南方为 18%。干缩湿胀是指木材中的水分在空气中蒸发,导致木材体积缩小;而如果木材吸收了大量水分,则体积膨胀增大。这种属性使木材容易发生翘曲和开裂。容积重是指天然木材单位体积的重量。通常标准容积重为含水率 15% 时的容积重。一般容积重较大的木材,组织致密,强度也较大。

材料的强度是一个很重要的内容。木材的强度通常以木材在外力作用下,将要被破坏前的一瞬间的强度值来表示。各种木材的强度有很大差别,随木种、木纹方向以及含水率的不同而异。主要包括抗压强度、抗拉强度、抗剪强度、静力抗变强度。

表 5-5 为常见木材的性能和用途。

表 5-5 常见木材的性能和用途

名 称	性 能	用 途
杉 木	易干燥,易加工,耐腐蚀好,胶黏性好,木纹直	家具、门窗、屋架、地板等
马旭松	淡黄褐色,有松香味,耐火性差,较难切削,不易上油漆与胶粘,干燥时易翘	胶合板、家具
水曲柳	淡黄色,材质光滑,纹理直,易加工,耐火,不易干燥	家具、胶合板、地板、把柄、运动器材
红 松	边缘呈黄白色,心材淡红色,材质轻,纹理直,易干燥,油漆性与胶黏性均良好	家具、建筑、乐器等
红 楠	呈灰褐色,有光泽,略带香气,纹理直或斜,质地细,耐腐性强,易加工,切面光滑,油漆性与胶黏性均良好	家具、胶合板表面

(续)

名　称	性　能	用　途
枫　木	硬度极高，耐磨损性能高，上漆和表面处理性尚可，纹理均匀细腻，一般为直纹，密度中等，蒸汽热弯性能好	地板、家具、汽车内饰等
斑马木	干燥性能好。木材耐腐性中等，木材刨切容易，切面光滑，精加工、油漆及胶黏性能良好	高级家具、室内装潢、地板、工具柄、滑雪板、乐器等

图 5-10(左)中的交叉编织椅(Cross Check Chair)由加拿大籍建筑师弗兰克·盖里设计，设计师的目的便是探索层压枫木条板的结构特性与柔韧性。椅的框架由宽 5cm 的硬白枫木饰面板与极薄的木条制成，这些木条使用高黏合度的尿素胶树脂为黏合剂，层压成厚15.24~23cm 的胶合板。这种热固性的胶水为结构提供了刚性，减少了金属连接件的使用，同时椅背也能拥有一定的柔韧性与活动的可能性。1992 年，纽约现代艺术博物馆预展了该椅，它为盖里以及克诺尔公司赢得了无数的设计奖项。

图 5-10(右)中的古典吉他，由中国设计师杨洪泽按照辛普里西奥的图纸而制作的。此款吉他采用云杉面板，意大利云杉的柔韧性强，声学性能好，这些特点使得它特别适合用来制作这一款振动优异的吉他面板。吉他的背侧板采用非洲红花梨木制作，红花梨木坚硬的特点，适合为面板的振动提供非常敏锐的反射，从而加强吉他的共鸣效果。这些木材使用 Titebond 木材胶水黏合，其黏合强度甚至超过了木材本身。使它可以轻松的承受住木材因受到湿度影响而引起的涨缩变化。

图 5-10　交叉编织椅(左)和古典吉他(右)

5.2.1.4　玻　璃

现在看起来再平常不过的玻璃材料，当初也只是一个偶然的发现，3000 多年前一艘满载着天然苏打的商船因为海水落潮搁浅，船员在岸上用天然苏打作为锅的支架在沙滩上做饭，饭后收拾的时候发现一些晶莹明亮的东西，其实这就是最早的玻璃，由天然苏打和石英砂在火焰的加热下形成。后来玻璃用于制作镜子、门窗，由于玻璃不易与其他物质发生化学反应。因此也是各类试剂、化妆品储存的绝佳材料。它不仅有良好的实用价值，晶莹剔透的外表也极具观赏性，因此也得到了众多设计师的青睐。

在玻璃制造中加入各种溶剂，可以让玻璃呈现不同的色彩；在玻璃加工中加入各种助剂。可以明显地改善玻璃的强度性能，如钢化玻璃比普通玻璃的强度提高许多倍。采用不同的加工工艺，可以得到各种不同的玻璃制品，如中空玻璃、夹丝玻璃等。熔融状态的玻璃可弯、可吹塑成型、可铸造成型，得到不同形状和状态的玻璃制品。玻璃成品可锯、可磨、可雕。玻璃表面可进行喷砂、化学腐蚀等艺术处理，能产生透明和不透明的对比。

图5-11（左）中的光学玻璃杯（Optic Glass）源自德罗克设计公司向设计师阿诺特·菲瑟（Arnout Visser）提出的设计需求："必然的装饰"。对此，菲瑟并没有选择外加的装饰，反而决定寻找实体本身蕴含着装饰的可能性。当他在考察相机镜头时，他发现最大的镜头内部注满了液体。这不禁使他想到，如果喝水的容器也可以做成类似的造型，那么或许饮料本身也能创造出奇妙的效果。菲瑟选用了一款商店里随处可见的普通硼硅酸盐玻璃杯，在加热玻璃杯后向其喷气，在表面上创造出凹凸不一的坑洼，一旦装满液体后，光线便会在其起伏的表面反射与折射。另外，这款光学玻璃杯产生的表面凸起还可以在堆叠时防止杯子卡住。同时为抓握提供了舒适的着力点。

图5-11（右）中的"石头"系列小烛台（Kivi Votive Candle Holder）是一件十分简单的物件，简单到似乎都不需要设计。它采用厚实的无铅水晶玻璃制成，共有8种颜色，分别是无色透明、钴蓝、淡蓝、淡紫、黄、红、绿以及淡绿。玻璃制造也是芬兰的一项传统产业，已然延续了300年。在这款设计中，玻璃使得蜡烛发出的光线更为丰富，为室内增添了氛围。

图5-11　光学玻璃杯（左）和"石头"系列小烛台（右）

5.2.1.5　陶　瓷

陶瓷通常指以黏土为主要原料，经原料处理、成型、焙烧而成的无机非金属材料。普通陶瓷制品按所用原材料种类不同及坯体的密实程度不同，可分为陶器、瓷器和炻器3类。

（1）陶器

陶器以陶土为主要原料，经低温烧制而成。断面粗糙无光，不透明，不明亮，敲击声粗哑，有的无釉，有的施釉。陶器根据其原料土杂质含量的不同，又可分为粗陶和精陶两种。烧结黏土砖、瓦、盆、罐、管等，都是最普通的粗陶制品；建筑饰面用的彩陶、美术陶瓷、釉面砖等属于精陶制品。

（2）瓷器

瓷器以磨细岩粉为原料，经高温烧制而成。胚体密度好，基本不吸水，具有半透明性，产品都有涂布和釉层，敲击时声音清脆。瓷器按其原料的化学成分与工艺制作的不同，分为粗瓷和细瓷两种。瓷质制品多为日用细瓷、陈设瓷、美术瓷、高压电瓷、高频装置瓷等。

（3）炻器

炻器是介于陶质和瓷质之间的一类产品，也称半瓷或石胎瓷。炻的吸水率介于陶和瓷之间。炻器按其坯体的细密程度不同，分为粗炻器和细炻器两种。建筑饰面用的外墙面砖、地砖等属于粗炻器；日用器皿、化工及电器工业用陶瓷等属于细炻器。

5.2.1.6 石 材

石材是一种传统天然材料。天然石材是从天然岩体中开采出来加工成型的材料总称。常见的岩石品种有花岗岩、大理石、石灰岩、石英岩和玄武岩等。

天然石材中应用最多的是大理石，它因盛产于云南大理而得名。纯大理石为白色，也称汉白玉，如在变质过程中混进其他杂质，就会呈现不同的颜色与花纹、斑点。如含碳呈黑色；含氧化铁呈玫瑰色、橘红色；含氧化亚铁、铜等呈绿色。

天然石材一般硬度高，耐磨，较脆，易折断和破损。

天然石材资源有限，加工异型制品难度大、成本高。而人造石材则较好地解决了这些问题。

人造石材是利用各种有机高分子合成树脂、无机材料等通过注塑处理制成，在外观和性能上均相似于天然石材的合成高分子材料。根据使用原料和制造方法的不同，人造石材可以分成树脂型人造石材、水泥型人造石材、复合型人造石材、烧结型人造石材，利用烧结型人造石材制作的餐桌，具有轻、薄、耐高温、硬度高、吸水率极低的特点。

5.2.1.7 织物与皮革

（1）纤维织物

纤维织物在家具设计中应用广泛，它具有良好的质感、保暖性、弹性、柔韧性、透气性，并且可以印染上色彩和纹样多变的图案。纤维织物种类繁多，面料质地、花样、风格、品种丰富，可以供各种不同的消费者使用。因为质地及材料的不同，化学及物理性能差异较大，所以要求设计师熟悉各种纤维材料的性能，根据需要来选择适合的材料。纤维织物主要分为以下几类。

①棉纤维织物　具有良好的柔软性、触感、透气性、吸湿性、耐洗性，品种多，广泛应用于布艺沙发和室内装饰中。但弹性较差，容易起皱。

②麻、革纤维织物　质地粗糙挺括、耐磨性强、吸潮性强，不容易变形且价格便宜。装饰效果独特，具有古朴自然之感。

③动物毛纤维织物　细致柔软有弹性，耐磨损易清洗，多用于地毯和壁毯。但毛纤维制品在潮湿、不透气的环境下容易受虫蛀和受潮，并且价格较昂贵。

④蚕丝纤维织物　具有柔韧、光泽的质地，易染色。

⑤人造纤维织物　用木材、棉短绒、芦苇等天然材料经过化学处理和机械加工制成。吸湿性好，容易上色，但强度差，不耐脏、不耐用。一般与其他纤维混合使用。

⑥聚丙烯腈纤维（腈纶）织物　质感好、强度高、不吸湿、不发霉、不虫蛀，表面质地和羊毛织物很相像。但耐磨性欠佳，容易产生静电，所以经常与其他纤维混纺，提高植物的耐磨性，并增加装饰效果，如天鹅绒就是腈纶的混纺产品。

⑦聚酰胺纤维（尼龙、锦纶）织物　牢固柔韧，弹性与耐脏性强，一般也与其他纤维混纺。缺点是耐光、耐热性较差，容易老化变硬。

⑧聚酯纤维（涤纶）织物　不易褶皱，价格便宜，能很好地与其他纤维织物混纺。

⑨聚丙烯纤维（丙纶）织物　重量轻，具有较高的保暖性、弹性、防腐蚀性、蓬松性等优点，但质感较差，不如羊毛织物，染色性和耐光性欠佳。

⑩无纺纤维布　不经过纺织和编制，而是用黏接技术，将纤维均匀地黏成布。

（2）皮革

①动物皮革　动物皮革是高级家具常用的材料，主要有牛皮、羊皮、猪皮、马皮等。动物皮透气性、耐磨性、牢固性、保暖性、触感比较好。好的动物皮革手握时感到紧实，手摸时感到如丝般柔软。制作皮质家具要求质地较均匀柔软，表面细致光滑又不失真。

②复合皮革　复合皮革是用纺织物和其他材料，经过黏接或涂覆等工艺合成的皮革，主要有人造革、合成革、橡胶复合革、改性聚酯复合革、泡沫塑料复合革等。复合皮革外表很像动物皮革，并且具有价格便宜、易于清洗、耐磨性强等优点，在家具制作中广泛运用。但是，复合皮革不透气、不吸汗、易老化、耐久性差，一般作为中低档产品材料。

5.2.1.8　其他材料

随着科学技术的革新，材料领域的科学家们不断发现和创造出新的材料，每年都有很多新材料投入生产中，新材料在产品设计上的应用能够制造新的消费吸引力。但是材料卖点不仅是为了助于品牌之间的差异化，也可以推动绿色发展，促进人与自然和谐共生。

如木材行业里到处都是用回收废料制作建筑和室内用的新型复合材料的案例。例如中密度纤维板、刨花板和OS板（定向刨花板）就是用各种木材加工的副产品制成的。还有一些材料，像多层胶合板和胶合木，就是把树脂和一些小块木料结合起来去制成强度更高、更硬、尺寸稳定的梁柱，这种梁柱一般用于建筑。然而，尽管这些材料对废料进行了再利用，但是它们存在一个非常普遍的问题——它们大多数是使用有害的甲醛作为黏合树脂的。而Kirei公司选择从废料中回收可替代的、快速可持续的材料，使用更少的有害黏合剂，以农业为基础，不用木料，而是用环保的小麦秸秆、葵花籽壳和不含甲醛的树脂结合开发出一系列的板材，可以作为传统板材和建筑材料的替代品。如图5-12所示的这种混合面板重量轻、易于加工、坚硬、防潮、无甲醛排放、可快速再生，更重要的意义在于它表明了社会对农业产品取代木材，以及工业聚合物的关注日益增长。

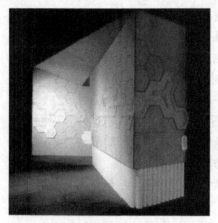

图 5-12　混合面板

Evocative 公司研究一种在蘑菇根部形成的由线状细胞组成的菌丝体，这种材料具有生长速度快、低水耗、可降解，不消耗地球上任何不可再生资源的特点，其有可能代替传统的发泡塑料。和细菌纤维素一样，菌丝体不是被生产出来的，它可自然生长并根据形状约束长成所要求的形状，成熟的菌丝体与发泡塑料性能类似，价格也大致相当。该材料可吸音降噪、隔热、防震，同时还是第 1 类阻燃剂，菌丝体材料的发明导致了一种全新的发泡产品的产生——EcoCradle，它是一种视觉和感觉都很独特的材料，看起来像一个方形的块状蘑菇，表面有很多小颗粒。它比较柔软和低密度聚苯乙烯泡沫有着同样的强度，当和其他材料合成后，耐用度也较好，并可以完全生物降解，为传统包装材料或需要轻量复合材料的应用领域提供了一个非常好的替代材料，如图 5-13(左)为用 EcoCradle 菌丝泡沫制作的包装。

图 5-13(右)为埃里克·德·劳伦斯用鱼鳞创造了一种新的可模制材料，该材料强度高，容易着色，非常像塑料，有着大理石般的质感，可降解，可持续性超越此类其他大部分标明绿色的材料。他用这种材料制成了一个名为"The Fish Feast"的水杯，该水杯大概需要两条中等大小鲑鱼的鱼鳞，或者大约 60g 绞碎的干鱼鳞。

图 5-13　EcoCradle 菌丝泡沫包装(左)和"The Fish Feast"水杯(右)

5.2.2　材料基本属性

(1) 自然属性

自然属性是指材料自身的物理、化学性能所体现出来的基本特征。本书 5.2.1 中对金属、塑料等材料为例，对其自然属性进行了简要叙述，如金属材料的物理性能包括导热性、导电性、热敏感性、熔点等，化学性能主要包括材料的耐腐蚀性、抗氧化性等。

(2) 情感属性

材料的情感属性是指材料透过触觉和视觉给人留下的知觉印象。人们通常通过触摸材料，利用触觉感知材料的表面特性，判别材料的质感。不同种类的材料具有不同的组织、结构、质地、纹理以及强度、硬度和韧性等特性，因此，人们在与它们接触时会产生不同的感受，如木材是温暖的、金属是冷硬的、棉布是柔软的、橡胶是富有弹性的等。

不同的质感肌理能给人不同的心理感受，向人们传达产品的个性，如玻璃、钢材可以表达科技气息，木材、竹材可以表达自然、古朴、人情意味等。在选择材料时，不仅要考虑材料的强度、耐磨性等，还要将材料与人的情感关系的亲疏远近作为重要尺度。材料质感和肌理的性能将直接影响到材料用于制作产品后形成的最终表达效果，这种效果既有视觉的也有心理的。

图5-14(左)为马尔·万德斯设计的花结椅，这款产品能唤起人们一系列复杂的反应。人们可能会错误地理解它的材料与制造工艺，而就座者经常怀疑此椅是否可以支撑住自己的身体，一款透明又轻质的设计时常会唤起人们的担忧。此椅包含纤细的四腿在内，都使用细密的绳结编织而成，事实上这些绳索都缠绕有一条碳芯。随后，这一经由手工精心制成的造型会被浸入树脂中，再吊在架子上使其变硬，它的最终外形取决于重力。这款花结椅是一件极为独特的设计作品，它将现代材料与令人印象深刻的理念(即"一个冻结在空间中且带腿的吊床")融入了高强度的手工工艺之中，能够给用户带来相当丰富的情感体验。

图5-14(右)为由奇尼·博埃里与片柳富设计的幽灵椅，椅子本身十分沉重，但是它看起来却轻似空气。它使用弯曲的水晶玻璃制成，这种玻璃仅有12mm厚，但它的最大承载重量却达到了150kg。这款视觉效果惊艳、有些荒诞的幽灵椅能给用户带来极强的情感冲击力，也成了设计史上的经典制作。

图5-14 花结椅(左)和幽灵椅(右)

(3)社会属性

材料的社会属性是指结合社会意识形态的价值取向对材料进行的一种价值判断，主要体现在环保可持续发展性，例如，随着人类道德水平和文明程度的提高，动物皮草类材料和环保成了人类不断争论的话题；而绿色材料的选用着眼于人与自然的生态平衡关系，是人文关怀的体现。所以在选用产品材料时，材料的社会属性也是设计师要考虑的重要因素之一。

5.2.3　材料与产品形态关系

任何一项设计作品，都是由一定数量和种类的材料构成的。可以说，材料是设计创意表现的载体之一。在设计过程中，选用恰当的材料也成了设计成败的重要因素。不同的材料，有不同的视觉特征、不同的加工方式、不同的物理和化学性质、不同的适用领域、不同的价格成本等。因此，在设计中选择使用何种材料时，必须对各种相关因素进行综合考虑，材料同设计形态的产生有着密不可分的关系。讨论材料对形态的影响，我们可以从以下4个方面进行分析。

（1）材料的视觉特征与形态的关系

世界上材料的种类极其丰富，新材料不断出现，一些旧的材料也具有了新的用途。可以选用作为设计载体的材料也不断增加，这么多种类的材料，由于物理与化学性质不同，表面质感、色彩、形态不同，也形成了不同的视觉特征。人们在看到了某一设计形态后，往往会形成一个整体的视觉印象或者心理感受。这种感受或者是正面的、良好的，也可能是负面的、令人厌恶的。不同的形态构成要素对形成整体视觉印象有不同的影响。造型的几何特征、色彩以及色彩搭配、材料质感与搭配方式3个方面共同作用，从而形成一个设计形态的视觉印象。

设计师需要重点探讨材料的视觉特征是如何影响形态的整体视觉印象的。例如，用块状材料来表现形态，具有厚重感和分量感；用面材表现的形态，具有轻巧飘逸的单纯效果；用曲线表现的形态，具有流畅的空间运动感觉；用直线表现的形态，除了具有通透的空间感外，还具有坚挺的力度感。另外，如上一节所述，材料的自身肌理具备一定的情感属性，也是形成形态视觉印象的重要元素。粗糙的肌理给人以厚重、苍劲的感觉；而光滑细腻的肌理则给人以雅致、含蓄的感觉；木纹理给人温暖的感觉，不锈钢则体现现代和理性。因此，在具体感受某一材料的视觉特征时，主要是受这些材料的物理特征及材料加工后所构成的物体形态因素的影响。在设计创作以及实物中，形态的形成往往不只是一种造型特征，而是几种造型的互相搭配和对比。因此，一个形态设计的成功，就需要综合考虑材料的各种视觉特征。

（2）材料的加工工艺对形态的影响

在选用适合于产品设计的材料时，首先要考虑的问题就是所选材料是否方便被加工成人们所期望的形态。如是否能表现几何硬边的造型，是否能加工成柔和的有机面造型等。这就需要设计师对不同材料在造型时的加工工艺有比较深入的理解和认识，以避免在进行创意构思时，所选材料不能或很难加工成期望的形态。本书章节5.3中将会列举一些常用材料的加工工艺。

（3）材料的自然属性对形态的影响

使用的任何一种材料，都有其固有的自然属性，不管这一材料是天然形成的还是人工合成的。材料的自然属性限制了其所能形成的形态，当然，随着加工技术的不断进步和新的加工方法的产生，这种限制会越来越少。例如，自行车的形态由于受钢管的弯曲和焊接的限制，车架基本上呈三角形，随着碳纤维加强玻璃钢等高强度材料的出现，由于其具有重量轻、强度高、整体成型的特点，因而被用作自行车的车架材料，彻底改变了传统的三角形框架，使自行车的形态发生了巨大变化(图5-15)。这是典型的利用材料属性而改变产品形态的例子。

图5-15 自行车形态对比

对于某一形态而言，往往有一些材料能很恰当到位地表现它的造型特点和风格，而如果选择了其他材料，则可能相反，对其形态特点可能有弱化和分散作用。即一种材料的自然属性应该是同该材料形成的形态相匹配。同一造型，选用不同材料，给人的心理感受会有很大差别。如同样一个汽车手动挡手柄，当选用金属材料的时候，给人的感受就是冷峻而现代的，而如果选用木材，则会形成轻松温暖的感受。同时，材料的自然属性也影响了材料的应用领域，如有的材料强度不高，就不能用作产品的外壳部分；有的材料比较脆，就不能用在同环境接触较多的部分；易于传热的材料不适于做锅或水壶的手柄等。

(4)新材料或材料的新用途与形态设计的关系

新的材料对于产品设计师而言，无疑提供了更加丰富的想象空间，以前很多不能或很难实现的优美造型，在使用了新材料后都能方便地实现。这些新材料，性能各异，加工方式也各有特点，从而大大扩展了形态设计的可能性。

新材料的不断出现，必然会使一些旧的材料不断消亡，这也是材料领域的新陈代谢。一些新材料由于具有了旧材料无法比拟的优秀特点，如性能方面有很大提升，同时成本下降，就会很快代替旧的材料。对于某一形态而言，使用了新材料后很可能使这一形态更加易于加工和形成，从而提高了形态设计和生产的效率。另外，对于很多产品的形态，在应用了新材料后往往发生一定变化，有些甚至是发生根本性的变化，其原因就是新材料的属性解放了原有材料在造型方面的限制。

5.3 工业产品设计材料加工工艺

丹麦设计师克林特曾说："运用适当的技艺去处理适当的材料，才能真正解决人类的需要，并获得率直和美的效果。"工业产品设计中的加工工艺主要指材料或工件的后期阶段或最终阶段经受的处理工序(通常为表面处理),对应于产品完成时所形成的外观效果和品质性能。加工工艺的选择主要取决于材料特征,产品设计师对于加工工艺以应用为主,更多的是以加工工艺为设计工具,通过设计发挥工艺的潜能,通过工艺表达设计思想。

5.3.1 金 属

金属材料工艺性能优异,能够实现产品的多种造型和视觉效果,随着其加工工艺的日臻完善,也对产品设计,尤其是对相关产品综合品质塑造方面产生了重要影响。

5.3.1.1 金属成形

金属成形的方法一般依据其所处状态决定,通常情况下有 3 种方法。

(1)液体状态成形

液体状态的金属通过铸造成形工艺,将受热熔化的金属浇注到铸型中,得到所需的工件。铸造成形工艺效率相对较高,尤其是对于复杂零件,但高精度控制比较困难。

(2)塑性状态成形

棒料和预成形的零件被加热到接近熔点温度,处于塑性变形状态,通过锻打成形。这种成形工艺可以提高零件的强度,改善材料原有的力学性能。

(3)固体状态成形

一般在常温下进行,随着计算机辅助制造和智能加工技术的发展,这类成形工艺的时间和成本都大幅度降低,如目前应用广泛的 CNC 技术在产品设计中的壳体和零部件加工方面起着越来越重要的作用。

5.3.1.2 金属表面处理工艺

产品外观的形成,一方面得益于形态设计与整体成形工艺;另一方面则依赖于后期的表面加工和涂饰,金属材料外观处理一般可包括表面精加工处理、表面层改质处理和表面被覆,见表5-6所列。

表 5-6　金属材料表面处理工艺

种 类	效 果	手 段
表面精加工处理	使产品表面具有凸凹纹理,光滑、美观、精致	机械加工:内模成形、切削、研磨、研削 化学方法:表面清洗、蚀刻、电化学抛光
表面层改质处理	改变材料表面色彩、肌理和硬度,提高金属表面的耐蚀性、耐磨性和着色性能等	化学方法:化学处理、表面硬化 电化学处理:阳极氧化
表面被覆	改变材料表面的物理化学性质,赋予材料表面新的肌理、色彩和硬度等	金属被覆:电镀 有机物被覆:涂装、塑料衬里 陶瓷被覆:搪瓷、景泰蓝

（1）表面精加工处理

表面纹理在产品设计中起着重要作用，既可以改善产品外观效果，又可以提高产品使用中的功能性。如一些把手的纹理设计，可以形成层次丰富的产品视觉效果，改善持握的手感，还可以弱化和掩盖加工制造和使用中造成的划伤、瑕疵。金属表面精加工方法很多，较常用的有机械加工方法和化学方法。

①切削和研削　该方法是指利用刀具或砂轮对金属表面进行加工的工艺，可以得到高精度的装饰性表面效果。

②研磨　研磨是指用砂纸、金刚砂布、皮革织物或金属丝修整平面或圆柱表面，达到把金属表面加工成平滑面效果的一种精细工艺。研磨可以得到光面、镜面和梨皮面的效果。

③表面蚀刻　该方法是指使用化学药液进行腐蚀而使得金属表面得到一种斑驳、沧桑装饰效果的加工工艺。用耐药薄膜覆盖整个金属表面，然后用机械或者化学方法除去需要下凹部分的保护膜，使这部分金属裸露并浸入药液中，溶解而形成凹陷，获得纹样，最后用其他药液去除保护膜，完成表面处理。

（2）表面层改质处理

金属材料表面层改质处理是通过化学或者电化学的方法将金属表面转变成金属氧化物或者无机盐覆盖膜的过程。

表面层改质处理可以改变金属表面的色彩、肌理及硬度，提高其耐蚀性、耐磨性及着色性。产品通过表面层改质处理，可以获得独特的视觉效果和表面质量。

（3）表面涂饰

通过在金属材料表面覆盖一层膜，从而改变材料表面的物理化学性质，赋予材料新的表面肌理、色彩和质地等视觉效果。

①镀层被覆　镀层被覆是指利用各种工艺方法在金属材料的表面覆盖其他金属材料构成的薄膜，从而改变和提高制品的耐蚀性和耐磨性，并调整产品表面的色泽、光洁度以及肌理特征，提升制品档次。

②涂层被覆　涂层被覆指为起到保护、装饰作用，或隔热、防辐射、杀菌等特殊作用，在金属材料的表面覆盖以有机物为主体的涂料层，也被称为金属的表面涂装。图5-16所示的弹性回

图5-16　弹性回火钢椅

火钢椅，造型简洁明快，钢板经过回火处理，具有良好的韧性和弹性，表面覆盖有一层塑料膜使椅子发亮，且在搬运和使用中不易留下划痕。

③搪瓷　搪瓷指用玻璃材质覆盖金属表面，然后在800℃左右进行烧制，以使金属材料表面更坚硬，提高制品的耐蚀性和耐磨性，并具有宝石般的光泽和艳丽色彩，具有极强的装饰性。

5.3.2　塑　料

5.3.2.1　塑料成型

塑料的成型方法很多，在产品设计选择中一般取决于塑料的类型、特性、起始状态及制造品的结构、尺寸和形状。根据加工制造时塑料聚合物的物理状态不同，其成型方法基本上可以分为 3 种：

（1）处于玻璃态的塑料

处于玻璃态的塑料，可以采用车、铣、钻、刨等机械加工方式进行成型。

（2）处于高弹态的塑料

当塑料处于高弹态时，可以采用热压、弯曲、拉伸、真空成型等加工方法。

（3）处于黏流态的塑料

塑料加热至黏流态，可以采用注射成型、挤出成型、吹塑成型等加工方式。

5.3.2.2　塑料表面处理工艺

塑料经过相应的表面处理，能产生出丰富多彩的变化，能够模仿其他材质，从而减少自然材料浪费，也为产品带来更高的附加值。

塑料的着色和表面肌理装饰，是在塑料成型时就可以完成的，但为了延长产品使用寿命，提高其美观程度，一般都会对其表面进行二次加工，完成各种装饰处理，见表 5-7 所列。

表 5-7　塑料表面处理分类

种　类	效　果	手　段
表面机械加工处理	使表面平滑、光亮、美观	磨砂、抛光
表面镀覆处理	装饰、美化、抗老化、耐腐蚀	涂饰、印刷(丝网、转印、移印)、贴膜、热烫印
表面装饰处理	使表面耐磨、抗老化、有金属光泽、美观	热喷涂、电镀、离子镀

（1）表面机械加工处理

磨砂与抛光是塑料制品加工中常见的表面机械加工处理技术。

（2）表面镀覆处理

①热喷涂　一种采用专用设备把某种固体材料加热熔化，用高速气流将其吹成微小颗粒加速喷射到产品表面上，形成特制覆盖层的处理技术。热喷涂可以使塑料产品表面具有耐腐蚀、耐磨和耐高温等优点。

②电镀　一种用电化学原理在产品塑料壳体表面获得金属沉积层的金属覆层工艺。通过电镀，可以改变塑料材料的原始外观，改变其表面特性，使塑料耐腐蚀、耐磨，具有装饰性和电、磁、光学性能。

③离子镀　在真空条件下，利用气体放电使气体或被蒸发物质离子化，在气体离子或被蒸发物质离子轰击作用的同时，把蒸发物或其他反应物蒸镀到塑料表面上。离子镀可以延长塑料产品的使用寿命，赋予其特殊的光泽和色彩。

（3）表面装饰处理

①涂饰　把涂料涂覆到产品或物体的表面上，并通过产生物理或化学的变化，使涂料的被覆层转变为具有一定附着力和机械强度的涂膜。涂饰可以使塑料表面着色，获得不同的肌理，耐腐蚀，并能防止塑料老化。

②丝网印刷　又称丝印，是塑料制品的二次加工（或称再加工）中的一种常用方式，可以改善塑料件的外观装饰效果。产品表面的丝网印刷一般依据表面形态不同分为平面丝印（用于片材和平面体）、间接丝印（用于异型制品）和曲面丝印（用于可展开成平面的弧面体）。

③贴膜法　将印有花纹和图案的塑料薄膜紧贴在模具上，在加工塑料件时，靠其熔融的原料的热量将薄膜融合在产品上的方法。贴膜法常用来装饰产品外观和传达产品信息。

④热烫印法　利用压力和热量将压膜上的胶黏剂熔化，并将已镀到压膜上的金属膜转印到塑料件上的方法。同贴膜法相似，热烫印法可以美化产品外观和传达产品信息。

图5-17所示的家具采用真空吸塑装饰膜工艺制作的，这种工艺让木纹吸塑膜呈现全方位的实木质感，而不仅仅是视觉上的相似，橡木纹理和触感肌理、天然的疤节、裂缝和年轮同步形成自然和谐的逼真效果，非常适合应用于室内家具和空间装饰表面。

图5-17　德硅集团生产的木纹家具

图5-18中所示的儿童相机，机身部分采用环保ABS材质，表面喷橡胶油处理，材料和产品的圆润造型相得益彰，抓握舒适，符合儿童用户的审美心理。

图 5-18　牧本儿童相机

5.3.3　玻　璃

　　玻璃具有一系列优良特性，如坚硬、透明、气密性、耐热性以及电学和光学特性等，而且能用吹、拉、压、铸、槽沉等多种加工方法成型，因此玻璃与人们生活密切相关。

　　玻璃的成型工艺视制品的种类而异，但其过程基本可以分为配料、熔化和成型 3 个阶段。成型后的玻璃制品，大多需要进一步加工，以得到符合要求的成品。这包括玻璃制品的冷加工、热加工和表面处理。玻璃在不同的加工工艺下，形成的形态特点也有很大不同。例如，吹制的玻璃形态多具有圆滑流畅的表面轮廓，而通过铸或压的方式则更易形成直角和硬边形态。

　　图 5-19(左)所示家用投影仪，主体采用电子级钠钙玻璃材料，真空镀膜，CNC 成型，精雕机打孔，高温耐磨沙油工艺，精心将玻璃表面赋予 30% 雾度及 0.3 粗度的 AG。并减少金属和装饰件的运用，弱化产品的攻击性，让产品更主动融入使用环境。

　　图 5-19(右)的玻璃杯，在玻璃杯表面采用热转印工艺转印满幅图案，克服了容易脱落等问题，呈现出较好的视觉效果。

图 5-19　G9 联名款家用投影仪(左)和忆琪玻璃杯(右)

5.3.4　木　材

　　木材具有质轻、色泽悦目、纹理美妙等特点。其表面易于加工涂饰、对空气中的水分有吸收和放出的调节功能、热和电的传导率低、色泽花纹美丽、可塑性强等优点。同时它又具有易变形、易燃烧、易受虫蛀等缺陷。将木材通过手工或机械设备加工成零件，并将其组装成制品，再经过表面处理，涂饰，最后形成一件完整的木制品的过程称为木材的成型工艺，其加工方法有锯、刨、凿、砍、钻等。

图 5-20 为通过锯、刨、打磨工艺制作的可可菠萝木梳，利用木材原有的纹理和色泽，表面抛光，未上漆。

图 5-20　可可菠萝木梳

5.4　工业产品 CMF 综合设计

CMF 构成三要素中色彩直接决定产品视觉特征，材料影响产品的触觉感受，表面处理工艺直接关系色彩与材料能否完美的表达设计意图，三者共同决定了产品外观特征，是一个密不可分的有机整体。在设计活动中，设计师要充分考虑到 C、M、F 之间相互关系的重要性和复杂性。举例来说，同一种颜色呈现在不同材料表面的效果，将取决于赋予颜色的工艺方法、材料自身的结构、材料的表面状态等多种因素。同一种材料，当表面的粗糙度和光泽度发生变化时，其颜色的视觉效果会很不一样。这在哑光、抛光、镜面光泽的金属色上可以窥斑见豹。如由于不锈钢表面蚀刻工艺的不同，可以造成不同的表面状态，即改变了表面对光的反射特性，就会让材料形成两种不同的色彩和质感效果，而材料本身并未发生变化。因此，CMF 要素之间相互关系的研究还应涉及与光的作用。此外，同一种肌理可以通过不同的工艺来实现，但其分辨率精度、色泽、牢固度、耐磨性、耐蚀性、适用于何种复杂的表面形态和结构，以及处理的成本都会有区别。所以，如何在研究和设计实战中处理好以上多种复杂关系，以使得最终的设计呈现是经过对色彩、材料、工艺效果进行优化后的最佳方案，这成为 CMF 最重要的基础内容之一。

5.4.1　CMF 设计评价标准

CMF 已成为设计创新的重要因素，引起学术界和企业界高度关注。设计师是否通过 CMF 设计使得设计对象在美学和功能上达到最佳的平衡，并产生最优的用户体验，这是对 CMF 设计进行评价的标准。

在对产品的 CMF 设计进行评价时，要充分考虑产品在色彩、材料、成型工艺、表面处理、图案纹理、五觉等元素的设计与创新，全球首个专注于 CMF 的专门奖项"国际 CMF 设计奖"在评选优秀作品时设置了以下的评价标准，可供读者学习参考。

(1) 革新度

在 CMF 设计上是否具有创新性，或者是在现有产品基础上、现有行业同类产品中、跨行业产品应用，进行了 CMF 的单一元素或多元素的提升或创新延展与变革。以及包括视觉、触觉、味觉、听觉、嗅觉等元素的创新。

(2) 美观性

CMF 设计呈现是否具有赏心悦目的感官。

(3) 功能性

CMF 设计是否能够实现产品在测试、操作、使用、性能、安全及维护方面的需求。

(4) 落地性

现代科技、材料技术、工程技术、生产成本、批量性、产业链，是否可达成 CMF 设计的实现与落地转化。

(5) 环保性

产品的材料选择、制造工艺和能源消耗是否被控制在一个适当的比例里。相较于同类产品是否更具环保价值、产品的处理和回收问题是否被考虑完善。

(6) 情感性

除了眼前的实际用途，产品的 CMF 设计能否提供情感上、心理上的感受和体验。

5.4.2　CMF 设计经典案例

(1) 美的"大白"电饭煲

该系列产品设计灵感来源于自然，仿生鹅卵石的有机形态，视觉形象圆润饱满。电饭煲机身材质是哑面喷砂注塑，达到微粒磨砂效果，充满了亲和力；解锁阀光面注塑，类似鼠标的滑腻感；机身采用一体化无缝界面，直接在机身上用紫外线镭雕出功能菜单，文字清晰明了；内胆采用渐变珐琅材质，耐腐蚀磨损；整机采用白色，清爽整体，能够传递出厨房家电的功能和环境语意，具体特征如图 5-21 所示。

图 5-21　美的"大白"电饭煲

(2) X-O 骨骼登山盔

X-O 骨骼登山盔是 1997 年美国设计师 Bruce M. Tharp 设计出品的专业山地自行车头

盔，是一款独具创新的设计，专门为山地骑手设计的，并将运动的特殊技术需要集成到解决方案中。传统自行车头盔的气动性设计很少会考虑到山地骑车者骑上坡的时间比骑下坡的时间多，而 X-O 骨骼登山盔通过形态、结构和 CMF 设计的方式解决了这一痛点。

X-O 骨骼登山盔的壳体材料为真空成型的聚酯，更加轻量和透气；表面加工成粗糙纹理，能够减少树枝、岩块和落物引发的磨损；造型和肌理仿生于自然界有毒的毛毛虫、仙人掌、鳄鱼、珊瑚、蟾蜍和其他动物的外表；表面凸起的造型能够让气流产生扰动，使冷却对流即使在低速下也能被增强；灰色相比鲜艳颜色不易吸引蚊虫，更适合在山地使用。具体如图 5-22 所示。

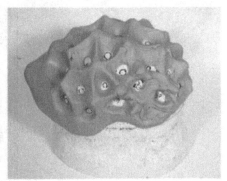

图 5-22　X-O 骨骼登山盔

（3）康佳 G1 智能音箱

该智能音箱主体是环保复合材质，表面有不同的纹理，前壳、后壳、上壳、下壳为塑胶材料，高亮无痕注塑亮黑效果；顶部的按键是半透明环保材质，细腻的磨砂效果，增加手感；音箱的三面采用高级亚麻灰色布网，经纬编制，可更换；两种材质的对比产生独特的视觉效果，适用各种家居风格。造型整体是三角形的橄榄球形体；机身弧面饱满，顶部类似三角形体；布网和音箱主体之间有一定的间隙，产生一种悬浮感。CMF 设计方案结合包裹感的产品造型方法，用布料、ABS 材料、矿石的质感共同构建了自然流动的声学空间（图 5-23）。

图 5-23　康佳 G1 智能音箱

（4）皱纹（Crinkle）台灯

用加热后的乙烯片手工塑形而成的皱纹台灯在视觉上颇具动感，且会让用户有独一无二的使用体验，乙烯片加热后呈现不规则形态；选用纯度、明度均较高的鲜艳色彩；该灯具的造型和 CMF 综合设计使之呈现出后现代主义风格（图 5-24）。

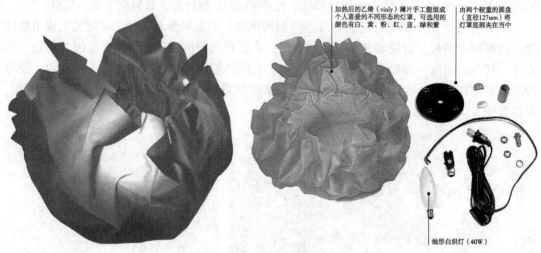

加热后的乙烯（vinly）薄片手工塑型成个人喜爱的不同形态的灯罩，可选用的颜色有白、黄、粉、红、蓝、绿和紫

由两个较重的圆盘（直径127mm）将灯罩底部夹在当中

烛形白炽灯（40W）

图 5-24　皱纹台灯

作业

1. 请对你正在使用的签字笔进行 CMF 分析。

2. 请尝试为你在上一章课后思考题中，提出的图书馆自助借还图书机设计方案，进行综合的 CMF 设计。

6 工业产品设计结构

内容简介

本章介绍了工业产品结构的作用与特性，梳理了产品的典型结构分类，结合实例分析了产品设计中连接结构的常见类别以及绿色结构设计的概念与思想。

教学目标

本章要求学生了解产品设计过程中结构因素承担的作用、产品的典型结构分类和具体形式，初步掌握根据产品功能和用户需求来合理规划产品结构、与结构设计师共同实现产品生产组装的设计能力，并能够在产品结构设计的过程中践行绿色设计思想，开展绿色结构设计。

所谓结构是用来支撑物体和承受物体重量的一种构成形式。构成产品的各个功能部件需要以各种方式连接固定在一起，才能实现产品的整体功能，产品结构设计是解决这一问题的必备环节。

6.1 产品结构作用与特性

结构是构成产品形态和功能的一个重要要素，即使是最简单的产品，也有一定的结构形式。即使是一个供野外露营使用的简易帐篷，都包含着很复杂的构造内容——帐篷如何平稳地立在地面上、帐篷与支架如何进行连接、支架怎样固定、如何快速搭建和拆卸帐篷等。人们对于帐篷的各种部件进行的连接、组合，就构成了一个产品最基本的结构形式。从使用帐篷的过程即可得知，产品功能必定要借助于某种结构形式才能得到实现，因此也可以这么说，不同的产品功能或产品功能的延伸必然导致不同结构形式的产生；同时各种结构也担负着不同的功能，通过不同功能的配合，形成完整的功能链，即产品所实现的最终功能。产品设计中的材料要素，也与结构紧密相连，不同的材料特性，使人们在长期的社会实践中学会了用不同的方法去加工、连接和组合材料。因此，不少新结构是在人们对材料特性逐步认识和不断加以应用的基础上发展起来的。

而结构的变化，也会对形态产生影响，产品的形态与结构紧密相关。复杂装备产品通过内部结构来构筑形态，从而实现其功能目标；功能单一的简单产品也可以通过新颖结构激起消费者购买或使用的欲望。如图 6-1 所示的旅行衣架，通过双重折叠的方式来缩小产品体量，折叠后是普通衣架的 1/4 大小，便于携带，满足人们的使用需求。

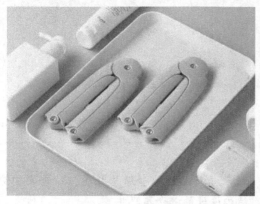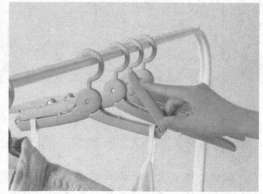

图 6-1　折叠旅行衣架

所以，结构是产品功能得以实现的物质承担者，丰富了产品的形态。产品的结构具有层次性、有序性和稳定性的特点。

(1)结构的层次性是由产品的复杂程度所决定的，任何产品都由若干不同的层次组成，或繁或简，设计中应依据不同状态进行考虑。

(2)结构的有序性是指产品结构都是目的性和规律性的统一，各个部分之间的组合与联系是按一定要求，有目的、有规律地建立起来的，绝不是杂乱无序的拼凑。

(3)所有的结构都具有稳定性这一特征。产品作为有序整体，其材料、部件之间的相互关系都处于一种平衡状态，即使在运动和使用过程中，也保持着这一平衡状态，它的存在与产品正常功能的发挥联系在一起。也正因为如此，产品才具有牢固性、安全性、可靠性和可操作性等多方面的功能保障。

如图 6-2 所示的健身沙发，巧妙地把握了产品结构设计的几方面特点，使沙发这一家具产品主要功能"休息"顺利实现的同时，赋予了产品更多的功能，增加了使用中的互动性和趣味性。

图 6-2　健身沙发(设计者：东北林业大学 2019 级于婷婷等)

6.2 产品典型结构分类

6.2.1 外观结构

外观结构也可称为外部结构，是通过材料和形式来体现的。在某些情况下，外观结构不是承担核心功能的结构，即外部结构的变化不直接影响核心功能。如电话机，不论款式和外部构造如何变换，其语言交流、信息传输和接收信号的基本功能都不会改变。也有产品的外观结构本身就是核心功能承担者，其结构形式直接与产品效用有关，如图 6-3 所示的自行车结构。

图 6-3 自行车外观结构

6.2.2 核心结构

核心结构是指根据某一技术原理形成，具有核心功能的产品结构，也可称为内部结构。核心结构往往涉及复杂的技术问题，在产品中以各种形式产生功效，或者是功能块，或者是元器件。如图 6-4 所示，智能门锁的各组成元件构成了它的工作原理，它们作为核心结构，与简洁的外观设计一起形成了良好的产品品质。

图 6-4 智能门锁原理与结构

6.2.3　系统结构

系统结构是指产品之间的关系结构，是将若干个产品看成是一个整体，将其中具有独立功能的产品组件看作是构成要素。系统结构设计就是物与物的"关系设计"，常有以下3种结构。

（1）分体结构

相对于整体结构，分体结构是同一目的不同功能的产品组件分离。如计算机由主机、显示器、键盘、鼠标及外围设备构成。

（2）系列结构

系列结构指由若干产品构成成套系列、组合系列、家族系列和单元系列等系列化产品。产品与产品之间是相互依存、相互作用的关系，如戴森美发造型器套装，主机和卷发筒、风嘴、直发梳等配件构成了一个具有吹干、顺滑、卷曲功能的组合系列产品。

（3）网络结构

网络结构是指由若干具有独立功能的产品进行有形或无形的连接，构成具有复合性能的网络系统。如计算机与计算机之间的相互联网，计算机服务器与若干终端的连接以及无线传输系统，信息高速公路是最为庞大的网络结构。

6.3　产品设计连接结构

6.3.1　产品连接结构形成与影响因素

产品设计中，存在着许多结构衔接问题，由此形成了复杂多样的连接结构形式，也正因为有了这些不同的结构连接方式，才使得产品形态和使用方式变得种类繁多，为产品形态设计拓展了广阔的空间。

产品设计中影响连接结构的因素很多，概括起来，有以下几个方面。

（1）产品形态与连接结构

不同的产品形态要求有不同的连接结构与之相配合，同时，不同的连接结构会构成不同的产品形态。如饮料酒水的瓶盖设计，现有的瓶盖设计有螺旋式、按压式和拨开式等多种连接结构，对应产生了不同的包装瓶型。

（2）产品功能与连接结构

有特殊功能要求的零部件，如要起到防水功能的产品，其某些连接结构的选择就要符合密封性要求。

（3）产品材料与连接结构

不同的材料属性，要选用不同的连接结构。如金属和塑料采用焊接的方法，但是木材就要选择用榫接、黏接等连接方式。

（4）加工工艺与连接结构

加工工艺直接关系到产品生产成本的高低，巧妙的结构设计与选用，可以简化工艺，降低成本。

（5）使用者的倾向性选择

由于消费具有潮流性，一旦消费者形成对某种产品的购买热潮，便会导致相关产品的大量上市，其中的某种理想或者经典的连接结构就会被推广开来。

（6）操作的安全可靠性

在选用连接结构的时候，安全性是首要问题。其次，连接结构的有效寿命也很重要，这是产品功能充分实现的基本保证。

6.3.2　连接结构分类

按照不同的标准，产品连接结构可以分为不同种类。如按照连接原理，可以分为机械连接、焊接和粘接 3 种连接方式；按照结构的功能和部件的活动空间，可以分为静连接和动连接结构，见表 6-1 和表 6-2 所列。

表 6-1　不同原理的连接种类和具体形式

连接种类	具体形式
机械连接	铆接、螺栓、键销、弹性卡扣等
焊接	利用电能的焊接（电弧焊、埋弧焊、气体保护焊、激光焊等）
	利用化学能的焊接（气焊、原子氢焊和铸焊等）
	利用机械能的焊接（冷压焊、爆炸焊、摩擦焊等）
粘接	黏合剂粘接、溶剂粘接

表 6-2　不同功能的连接种类和具体形式

连接种类	具体形式
静连接	不可拆固定连接：焊接、铆接、粘接
	可拆固定连接：螺纹、销、弹性变形、锁扣、插接等
动连接	柔性连接：弹簧连接、软轴连接
	移动连接：滑动连接、滚动连接
	转动连接

6.3.2.1　动连接

（1）移动连接

移动连接是构件沿着一条固定轨道运动，设计中侧重移动的可靠性、滑动阻力设置和运动精度的确定，主要应用在抽屉、滑盖装置、桌椅升降和拉杆天线等伸缩结构中。

（2）铰接

铰接是一种转动连接结构，常用于连接转动的装置和产品结构。传统的铰链由两个或多个可移动的金属片构成，现代产品中的铰链也经常采用可以重复弯曲的单一塑料片制成，如洗发液包装容器的盖和主体之间的连接。铰接装置多采取通过锁紧增大阻尼的方式实现，常用于需要可以变换定位的产品结构中，如台灯支架、翻盖装置等，常见的集几十种功能于一身的瑞士军刀也是铰接结构应用的结果。

（3）风箱形柔性连接

柔性连接允许被连接零部件的位置和角度在一定范围内变化或所连接构件可发生一定范围的形状和位置变化而不影响运动传递或固定关系。风箱形结构是这类连接的代表，是非常重要的一种运动连接结构。其应用范围主要有灯头、机动车里程表、医疗器械、电源插座和软轴接头等。通过这种结构，可以实现产品动作幅度增大、拓展空间、收纳隐藏或者是密封等功能。

6.3.2.2　静连接

（1）可拆固定连接

可拆固定连接的结构有这样的特点：在使用的时候，可以方便地把产品部件组装成一个整体，不用的时候，又可以把它们方便地拆除，既有利于保管，又方便运输。最常用的可拆固定连接是螺纹连接，使用广泛、结构简单、连接可靠、装拆方便。

图6-5　伸缩式浴室旋转镜

（2）"手风琴"式伸缩连接

形状如多个"X…XXXXXXX"，就像拉开的手风琴一样。这种连接结构可以通过改变其组件之间的角度来进行伸缩，应用范围如文具、衣架和家具等生活用具的设计。图6-5所示的伸缩式浴室旋转镜，暴露式的连接结构，着重体现的是产品的伸缩功能，加之镜面可上下旋转，一定程度上适应了不同身高的人群。

（3）"夹"连接

"夹"是一种比较综合的设计形式，它的产生与形态、结构、机构和材料等都有一定关系。当"夹"是利用材料本身弹性时，就是一种和被夹物品的锁扣连接；当"夹"是利用外部的机构或结构时，则可能会形成另外一种连接结构。图6-6为吉他乐器使用的变调夹，使用时，将该产品夹持在琴颈上，胶垫对准琴弦，弹簧会将需要按压的琴弦夹紧，以得到演奏者想要的音色。

（4）锁扣连接

这一类的产品形态结构主要运用到了产品材料本身的特性或者零部件的特性，如塑料的弹性、磁铁的磁性或者按扣的瞬时固定连接性，具有结构简单、形式灵活、工作可靠等优点。锁扣连接结构装置对模具的复杂程度增加有限，几乎不影响产品的生产成本，因此广泛应用于手表带、皮带扣、服装和食品包装等日常用品设计中。

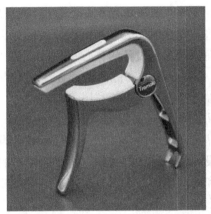
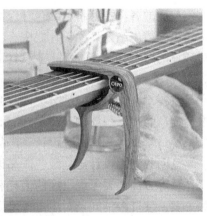

图 6-6　吉他乐器使用的变调夹

（5）插接连接

在需要互相固定的零部件上设置相应的插接结构，可以方便安装和拆卸，特别是有利于模块化设计。插接和木榫连接很相似，主要区别是插接有很多种形式，应用到了很多种产品中，而榫接则主要应用在木制椅子上，特别是我国古代家具当中。图6-7为利用插接结构设计的可以"无限延伸"的马扎灯，设计源自中国传统坐具"马扎"带来的结构启发，可以无限延伸的组合形态基于突破常规的电路及结构设计。电线被巧妙地隐藏进灯具的悬吊丝线中，整个灯具系统的裸露的金属零件也被设计成了电路的一部分，由此构成了一个内在复杂但外观简洁的模块化结构系统。

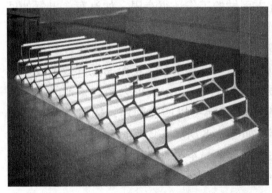

图 6-7　利用插接结构设计的可以"无限延伸"的马扎灯

6.4　绿色结构设计

6.4.1　绿色设计与绿色结构设计

绿色设计也称为环境设计、生态设计、可持续发展设计等，是指在产品及其寿命周期全过程的设计中，要充分考虑对资源和环境的影响，在充分考虑产品的功能、质量、开发周期和成本的同时，更要优化各种相关因素，使产品及其制造过程中对环境的总体负影响减到最小，使产品的各项指标符合绿色环保的要求。其基本思想是：在设计阶段就将环境因素和预防污染的措施纳入产品设计之中，将环境性能作为产品的设计目标和出发点，力求使产品对环境的影响为最小。对工业设计而言，绿色设计的核心是"3R"，即 Reduce（减量）、Recycle（循环）、Reuse（再利用），主旨是减少物质和能源的消耗，减少有害物质的排放，使产品及零部件能够方便地分类回收并再生循环或重新利用。

绿色设计的概念与思想应用于产品设计即为绿色产品设计。绿色产品设计主要包括：绿色材料选择设计、绿色制造过程设计、产品可回收性设计、产品的可拆卸性设计、绿色包装设计、绿色回收利用设计等。绿色产品设计要从材料的选择、生产和加工的流程产品直到运输、包装等方面都要考虑资源的消耗和对环境的影响，寻找和采用尽可能合理和优化的结构和方案，使资源消耗及对生态环境影响降到最低。

绿色结构设计是支撑绿色产品设计的关键和重要环节技术。凡是符合绿色设计思想观念，能够提高、改善产品"绿色度"使产品体现优良绿色特性的结构设计技术和方案，均可称为绿色结构设计范畴，主要包括面向回收与循环再利用的结构设计和面向拆卸的结构设计。

6.4.2　面向回收与循环再利用结构设计

6.4.2.1　易于材料回收分类的结构设计

现代工业产品大多使用多种材料（包括钢铁、有色金属、塑料、橡胶、玻璃、木材、织物等）生产而成，产品废弃后需要专业人员将材料分类，才能达到有效回收。如在产品结构设计时，就考虑到回收时如何才能更容易的分解不同材料构件，将为资源回收、再利用提供极大方便。事实上，当今产品设计在此方面做的工作还很有限，如汽车、电器的回收问题已成为世界范围内的难题和研究热点问题。汽车使用的材料种类多、结构复杂、分解分类难度大，同时回收利用效益也极高；包括家电、计算机的电路板上，金、铂等贵重金属的含量超过金、铂等富矿石的几百倍，但分解回收极其困难，至今尚无有效的技术措施。美国办公康具制造商赫曼·米勒公司开发了一款名为 Mirra 的办公椅，该产品获得了"从摇篮到摇篮"银奖，采用无毒害材料，且97%的材料可以回收利用，任何材料之间的连接均可由一个人在15s内单独完成拆卸工作，如图6-8所示。此外，公司还为该产品专门开辟了一条利用可再生能源的生产线。该生产线和产品本身都易于材料回收分类，满足"从摇篮到摇篮"的设计方法和"废料即原料"的可持续设计宗旨。

6.4.2.2　模块化结构设计

模块化设计是现代重要的设计方法，是对一定范围内不同功能或相同功能不同性能、不同规格的产品进行功能分析的基础上，划分并设计出一系列功能模块，通过模块的选择和组合可以构成不同的产品，满足不同的需求，微型计算机就是典型的模块化产品。产品模块化设计研究的主要内容是模块的划分和模块间的连接方式（接口），并进一步形成相应的规范和标准，如计算机电源规格、接插口标准等。

模块化设计既可以很好地解决产品品种规格、产品设计制造周期和生产成本之间的矛盾，又可将产品快速更新换代，提高产品的质量，方便维修，有利于产品废弃后的拆卸和回收。

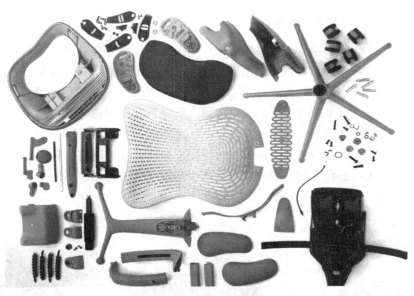

图 6-8　Mirra 的办公椅零件拆解

　　对于家具等产品，利用模块化设计可以像搭积木一样组合出多种变化，如图 6-9 所示的模块化儿童家具，可以随着儿童的成长变化，拆分产品结构，重组成符合儿童当前使用需求的功能型家具。

图 6-9　模块化家具（设计者：东北林业大学 2017 级廖纹熠）

6.4.2.3 考虑再利用的结构设计

在产品结构设计的初期，就可以考虑将产品结构部件循环再利用，或者规划使用废弃的产品材料完成结构设计，寻找新的用途。图 6-10 为英国设计师奥斯卡·迪亚兹设计的管状玩具，组装每辆车需要的所有零件都装在一个标准纸管包装中，纸管既是包装材料，又是汽车、消防车、火车或拖拉机的主体。每个纸管都有预切槽和孔，用于放置车轮轴和其他部件。在这个设计中，一张显示所有所需信息的纸条，如品牌、标志、产品名称和条形码，是唯一在购买后会被丢弃的部分；其他用于制造产品的所有材料都可以回收，这样可以大大减少购买后丢弃的材料数量以及传统包装所涉及的附加成本。

图 6-10　纸管玩具车(设计者：英国奥斯卡·迪亚兹)

6.4.3　面向拆卸结构设计

6.4.3.1　面向拆卸的设计准则

面向拆卸的结构设计是要求在产品的设计阶段就将可拆性作为结构设计的目标，也是目前绿色设计研究的重点之一。不可拆卸不仅会造成资源的浪费、废弃物不好处置，还会造成环境污染。可拆性设计根据其主要追求目标分为两类：一类是面向回收和再利用，主要考虑产品达到寿命终结时，尽可能多的零部件可以翻新或重复使用，以节省成本、节约资源，或者把一些有害环境的材料安全处理掉，避免废旧产品对环境造成污染；另一类是面向产品维修的设计，主要注重提高产品的可维护性，在产品的生命周期内，便于零部件的维护，特别适于易磨损、须定期维护或更换零部件的产品。

可拆性设计主要考虑产品拆卸、分解的程度和效率，要求拆卸操作简单、快捷、省时省力、材料回收及残余废弃物易于分类处理，减少材料种类及有毒、有害材料的使用。除技术方面外，经济性也是可拆性设计考虑的重要内容，即以尽可能低的拆卸成本获得尽可能大的价值。因而，设计上要保证拆卸易于进行，拆卸时间要短，不易出差错，工作效率高；拆卸回收利用的价值要高，避免拆卸损伤。在设计方法上，模块化设计、标准化设计、组合设计等是面向拆卸结构设计的有效工具。

可拆性设计的研究已形成了一些被广泛接受的设计准则，在设计过程中需合理、灵活地把握下述准则：

（1）明确拆卸对象

明确产品废弃后，可拆卸零部件的种类、拆卸方法、再利用方式等。对于有毒、有害的零部件必须可拆解并单独处理；对于贵重材料制成的零部件应可拆解下来并实现重用或再生；对成本高、寿命长的零部件，应易于拆解并直接重用或再利用。

（2）减少拆卸工作量

减少零件种类和数量，简化结构，简化拆卸工艺，降低拆卸条件和技能要求，减少拆卸时间。具体设计实施上，尽量使用标准件和通用件，尽量使用自动化拆卸；采用模块化结构，以模块化方式实现拆卸和重用；利用功能集成、零部件合并、减少材料种类等技术手段减少零件种类与数量；尽量使用材料兼容性好的材料组合。

（3）简化连接结构

采用简单连接方式，减少紧固件种类和数量，预留拆卸操作空间。尽量使用易于拆卸或易于破坏的连接结构，尽量设计、使用简单拆卸路线（如直线运动），便于实现拆卸自动化。

（4）易于拆卸

提高拆卸效率、可操作性。具体而言，要设计合理的拆卸基准，尽量采用刚性零件，将有毒有害材料封装。

（5）易于分离

应设置合理、明显的材料类别识别标志（如模压标志、条码及颜色等），便于分类识别、回收；尽量避免二次加工表面（如电镀、涂覆等），附加材料会给分离造成困难；尽量减少镶嵌物（如钢套内衬青铜，塑料件预埋金属件等）。

（6）预见产品结构的变化

产品使用过程中由于磨损、腐蚀等因素造成产品状态变化，应避免将易老化或易腐蚀的材料与需拆卸、回收的零件组合。

6.4.3.2 标准化设计

标准化设计指零部件采用标准规范结构、零件结构尺度采用标准模数或系列数值的设计。实现标准化设计有利于降低设计、制造成本，有利于实现通用化、提高效率与效益，也有利于产品的维护、维修和拆解、回收。

在家具领域，"32mm系统"成为现代板式家具结构设计的标准化结构规范，32mm系统是一种依据单元组合理论，通过模数化、标准化的"接口"来构筑家具的制造系统，采用标准工业板材即标准钻孔模式来组成家具和其他木制品，并将加工精度控制在0.1~0.2mm标准上。用这个制造系统组织生产获得的标准化零部件，可以组装成采用圆榫结合的固定式家具，或采用各类现代五金件组装成的拆装式家具。如图6-11所示的板式衣柜，几乎所有的部件都是通过旁板（侧板）组合连接在一起的，顶板、面板、底板包括门板都要连接在旁板上。"32mm系统"就是以旁板为核心，钻孔设计与加工都集中在了旁板上。旁板前后两侧各设有一根钻孔轴线，轴线按32mm等分，每个等分点都可以用来预钻孔位，预钻孔可分为结构孔和系统孔，系统孔用于铰链底座、抽屉滑道、搁板支承等五金件的安装，而结构孔主要用于连接水平结构板，因二者作用不同没有相互制约的关系，可根据产品造型灵活设计。

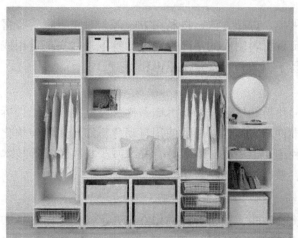

图 6-11　板式衣柜

6.4.3.3　组合设计

组合设计指设计时考虑实际使用状况，将产品零部件设计成在一定范围内可以进行组合变化，形成特定的功能器具或通过变化一物多用。组合设计的产品必定要考虑易于拆卸，因此也称为拆装设计。

组合设计中含有模块化设计和通用化设计的思想，使设计、制造成本降低、便于有效利用资源、便于回收利用。同时，对于日常生活用品，也可增加用户的使用、参与热情为生活增添情趣。中国古代已有组合设计的典范，唐宋时期的变形家具"燕几"就是经典的设计。在户外露营活动中，各种易于拆装组合的多功能产品层出不穷，如图 6-12(左)的折叠收纳箱，箱体采用折叠结构，箱盖采用木质材料，在户外使用时可以充当餐桌、案板、托盘等多种用途。在机械装备领域，组合机床也是组合设计的典型，图 6-12(右)中的机床采用了加工单元模块化、刀具更换标准化和工装快换化的设计，使其在频繁更迭换代的批量制造行业中，提升了产品换型和设备利用的效率。

图 6-12　MTR312H 型全数控柔性组合机床

作 业

1. 简述产品典型结构分类，请分别举例。

2. 请举例说明生活中常见的静连接结构和动连接结构。

3. 请尝试对你在上一章课后思考题中，提出的图书馆自助借还图书机设计方案，进行结构分析和设计，并考虑是否有绿色结构设计的机会点。

7 工业产品设计文化

内容简介

本章介绍了文化的定义和特征，从设计师和消费者的视角梳理了产品设计中文化因素的价值以及文化与产品设计的相互影响关系，并结合实例，从图案、样式和方式3个层次分析了如何在现代产品设计中体现中国文化。

教学目标

本章要求学生了解产品设计过程中文化因素的作用和价值，正确认识文化在现代产品设计中运用方式，引导学生能够在设计过程中深入挖掘、提炼中国文化元素，将其恰当、合理的设计运用在现代产品设计中。

7.1 关于文化

7.1.1 文化定义与特征

《辞海》(2020年版)指出："广义的文化指人类社会的生存方式以及建立在此基础上的价值体系，是人类在社会历史发展过程中所创造的物质财富和精神财富的总和。可分为3个层面：①物质文化，指人类在生产生活过程中所创造的服饰、饮食、建筑、交通等各种物质成果及其所体现的意义；②制度文化，指人类在交往过程中形成的价值观念、伦理道德、风俗习惯、法律法规等各种规范；③精神文化，指人类在自身发展演化过程中形成的思维方式、宗教信仰、审美情趣等各种思想和观念。狭义指人类的精神生产能力和精神创造成果，包括一切社会意识形式：自然科学、技术科学、社会意识形态。"按照《辞海》的定义，文化是人类生活的全部表现，是人类社会具有独立特性的综合体系，它主要包括社会生产与生活方式，社会组织形态和精神意识形态3个层次。这3个层次是互相关联的，是人类的行为和精神活动的总称。从本质上说，这是一种总体性构成的观念。

文化现象丰富多彩，文化成分无穷无尽，文化"形状"千姿百态，文化范围无所不在。

在这个世界上，可以说，没有别的东西比文化更难捉摸。究竟文化是什么？什么是文化？厦门大学易中天教授说："这个问题真是好难回答。文化没有形状，无法描述；没有范围，难以界定。文化就像是空气，我们天天都生活在它当中，一刻也离不开它，但当我们试图伸出手去'把握'它时，却又会发现它无处不在、无时不在，唯独不在我们手里。"

文化是一个复杂的概念，是定义最多、争议最大的名词。据相关资料统计，关于文化概念的解释有近 200 种。"大文化"的概念是最宽泛的文化定义。即文化是人，人的所想、所做以及与人相关的一切。生活中习惯和通常的文化概念，往往是指"知识""学识"或精神生活层面的相对狭义和较小的范畴。

1952 年，美国具有代表性的人类学家克鲁伯（A. L. Kroeber）和克劳德·克拉克洪（Clyde Kluckhohn）在他们合著的《文化，关于概念和定义的探讨》一书中，罗列了 1871—1951 年至少 164 种关于文化的定义。1965 年在莫尔的《文化的社会进程》一书中出现了 250 种说法。之后，俄罗斯学者克尔特曼在从事文化定义的对比研究时，发现文化的定义超过 400 种。人类学家、社会学家等不同学术领域的学者也从不同的角度讨论了文化的含义。

1871 年，英国人类学家爱德华·泰勒（Edward Tylor，1831—1917）在《原始文化》一书中指出："文化或文明，就其广泛的民族学意义来说，是包括全部的知识、信仰、艺术、道德、法律、风俗以及作为社会成员的人所掌握和接受的任何其他才能和习惯的复合体。"

北京大学季羡林先生在《论东西文化的互补关系》一文中指出："凡人类在历史上所创造的精神、物质两个方面，并对人类有用的东西，就叫文化。"

美国人类学家鲁斯·本尼迪克特认为，"文化是通过某个民族的活动而表现出来的一种思维和行动方式，一种使这个民族不同于其他任何民族的方式"。

1936 年，文化人格学派人物拉尔夫·林顿指出，"社会的继承即文化"。

此外还有许多内涵丰富的文化定义，列举一部分如下：

"文化是一切人工产物的总和，包括一切由人类发明并由人类传递给后代的器物的全部及生活习惯。"

"文化根本就是一种造型，凭借着这种造型来记述全部的信仰、行为、知识、价值，以及那些标志任何民族的特殊生活方式之目的。"

"文化是指将人类与动物区分开来的所有造物和特征。"

"文化是个人适应其整个环境的工具，是表达其创造性的手段。"

从以上定义可以看出，文化的核心是观念，具有传统性的观念往往是比较难改变的；文化的本质是人，有人才能有文化，才会有文化的不同；文化最核心、最根本和最主要的外化结晶是其符号系统，如形象、言语、器物等，也是文化最具标志性、识别性和传播性的部分。文化具有地域性和历史性的特点。文化的地域性指不同空间的文化特性，如黄河流域文化、尼罗河流域文化、印度文化等；而文化的历史性一方面指古代文化、现代文化、未来文化或中世纪文化等文化的时代特征，另一方面也指文化的继承和传统。

文化是群体性和个体性的统一。对任何一种文化的表述往往是在概括、归纳、复合的基础上对其普遍性、通常性的体现。应该说，群体文化是由个体文化组成的，但与任何个体文化都不同，是求同存异的结果。文化体系是一个有机整体。在文化的有机体系中，始终存在着因素本身的生成与衰减、激进与退化，因素之间的相互转化与作用以及不同层面与特性的融会、交织与变异。如文化的人化和化人、内化和外化、群体和个体、宏观和微观、主体和客体等不仅是辩证的存在，而且形成一个互动发展的文化整体。正如德国哲学家蓝德曼所说——"不仅我们创造了文化，文化也创造了我们"。

7.1.2　文化作用和价值

文化是一个国家物质和非物质文明的载体，也是国家的综合实力与国际竞争力的体现。一个国家最重要的软实力便是文化，其影响力往往体现在文化之间的交流，强势文化对弱势文化的流入和潜移默化。

美国著名国际政治学者、哈佛大学教授约瑟夫·奈在 20 世纪 80 年代提出了"软实力"概念，他认为，如果一个国家的文化和意识形态是有吸引力的，本国国民甚至他国就会积极主动地追随，这个国家就可以依靠文化手段构建成"文化帝国主义"。在约瑟夫·奈看来，"吸引"是实现"软力量"的重要方法，一般来说，软实力具有辐射性，借助于文化观念、意识形态、社会制度、国家形象、外交政策等要素，综合发挥作用，具有"吸引"其他国家认同并跟随的能力。由此可见，判断"软实力"程度如何的重要指标即是否能够"以理服人"或具有足够的吸引力、感召力。它主要依靠 3 个关键要素发挥作用：文化的感染力、政治价值观的吸引力、外交政策的有效性，这 3 个关键要素都属于 7.1.1 中提出的广义文化概念。

美国好莱坞作为全球最大的影视生产基地，其生产的具有西方文化意识的电影风靡全世界，人们在观影的同时，无时无刻地在感受输出国文化对自己的意识形态的影响。很多发达国家通过对传统文化的保护扶持和对相关新兴文化行业的发展引导，使其文化创意及相关产业迅猛发展，在世界范围内产生有力影响。例如，日本的动漫产业，从动漫出发，形成了结合周边产品、服饰、旅行、创意设计等各种形态在内的"文化创意产业纽带"，为日本的经济发展贡献了重要的生产力，也为日本的发展注入了可持续的社会效益。

党的十八大以来，随着改革开放取得了历史性成就，实现民族复兴伟大目标的渴望程度和接近程度都是史无前例的，文化自信是我们在这一伟大征程中必须要面对和自觉的重大议题。当前我国经济高度繁荣的同时，民众的精神需求也在不断增加，人们所追求和向往的"美好生活"蕴含了鲜明的精神文化维度。习近平总书记指出，人类与动物类的根本区别之处就在于人终究是一种精神性的存在物，其精神性的需求和物质性的需求一样都时时刻刻存在。人类在深层次上追求的是"文化"而不是"物化"的存在样态，渴求的是全面的、丰富的而不是畸形的、"单向度"的人生模式。人类生活除了一定的物质基础、经济指数之外，还离不开一定的"幸福指数"；人们对和谐的追求除了体现在自然领域之外，还必然会体现在精神领域，还要追求生命的意义与价值。因此，文化如何自信、如何增强文化自信等相关问题就是当前需要关注和解决的。

近年来，我国文化创意与设计服务等相关产业取得较快发展，不仅为人们提供了文化质量较高的产品和服务，也促进了相关产业的集成创新和整合优化，有效地推动了经济的转型升级。但是，在竞争激烈的全球化市场当中，产品的趋同性正使产品的识别性慢慢流失，因此把文化意象特征应用到产品设计中去正变得越来越重要。通过设计塑造产品的文化意象，在工业产品设计中体现文化的多样性与价值，从而使产品具有更丰富的文化特性，这既是产品精神功能的重要内容，也是设计尊重历史和人性、参与文化重建、发扬和增进社会人文精神的反映，更是讲好中国故事、弘扬中国文化、构建文化自信，在国际角逐中不断提高本国文化的竞争力和影响力的有效手段和渠道。

7.2　设计与文化

7.2.1　设计师和消费者视角下的文化认知

从上一节内容，我们了解到文化可以被看作是人类聚集在一起的黏合剂，传统文化的认知范畴涉及对器物、语言、行为方式、环境、社会意识、民族的文化价值观等方面。通过探索传统文化在这些认知范畴上的内在逻辑，研究者往往可以提取到一些能转化为设计指导思路的有效信息。吉尔特·霍夫斯塔德提出了文化的5个维度（表7-1），这是用来衡量不同国家文化差异、价值取向的一个有效架构，对研究跨文化认知也是很有帮助的。人们对事物的认知过程是受文化影响的，不同文化背景下的人对事物的认知过程是有差异的，社会活动的本质体现于文化本身的内涵，并且由于计算机交互技术带给人类前所未有的社会活动体验方式的转变，加入对当地文化的认知和把握，可以使这种体验更加完善。中国和日本的很多设计师都尝试将文化因素融入产品设计、界面设计的研究中，探讨东方文化的隐喻认知体验，认识到文化隐喻是文化的基础，也能成为表达文化的有效工具。

表 7-1　霍夫斯泰德文化维度理论

个人主义/集体主义	社会是关注个人利益还是集体利益
权力距离	权利在社会或组织中不平等分配的程度
不确定性规避	一个社会考虑被不确定性事件和情况威胁的程度，并试图避免和控制
男性度/女性度	社会赞赏男人特征还是女性特征，以及对两者智能的界定
长期/短期取向	关注未来，循序发展，还是重视眼前利益

人类社会学家费孝通先生指出，每个人都生活在一定的文化之中，各种文化在多元文化的世界里都有一定的位置。设计师在进行以文化为产品核心价值的设计时，首先要考虑的是对文化进行认知与体验并使之与产品相匹配。例如，日本品牌"无印良品"，从品牌缔造者田中一光通过设计传承日本传统、自然、朴素的生活方式；到原研哉从"无"的概念出发重构了无印良品的内涵，将无印良品的价值引向了东方哲学中的有与无的关系，并从中挖掘出了"全球理性价值"模型。无印良品从强调外表的朴素到倡导内在的低调内敛，其产品设计完成了从物质性到精神性的转变，具有了更加显著的民族文化特色，文化成了该品牌产品的核心价值。如图7-1所示，无印良品的系列产品、卖场和酒店在全球市场都有着一定的影响力。所以，无论是针对全球市场中的产品识别性增强，还是针对个体消费者的消费体验增强，文化意象特征都是增加到产品设计中的优秀特性。并且可以利用新的生产技术和创作手段，将这些文化转化为迎合潮流的设计，满足消费者和市场的需求。

图 7-1　无印良品系列产品

　　在全球化的进程中，同质化的问题越来越显著，这就促使人们逐渐意识到自己本土文化的重要性。因此在竞争激烈的全球产品市场中，适应于文化的设计变得至关重要，它可以促进消费者的购买需求，推动产品创新设计的步伐。对于设计而言，文化所带来的附加价值正逐渐成为产品价值的核心；反之，产品在进行设计创作的过程中同时也推动了文化的发展。一个成功的产品设计案例的关键往往在于其对于本土文化的准确把握，并贯穿于设计的始终。图 7-2 中的系列家居产品发掘中国人传统文化中对自然、温暖的审美偏好，寻找天然材料和传统手工艺，用竹子作为主材，结合广东清远地区的鸟笼制作工艺，开发了如图 7-2 所示的系列产品，寻求传统工艺和现代商业的平衡点，获得了市场的认可。

图 7-2　清远竹编鸟笼工艺衍生的家居产品（设计者：自然家 NatureBamboo 品牌）

从消费者的角度看，当代产品设计已从以生产为主导真正转向以消费者为主导，在强调功能、可用性的基础上更加凸显消费者的精神需求——要求产品个性化、多样化、情感化，这越来越成为设计的一个主要目标。这种感性的情感需求不仅涉及一般的消费个性，更在某些设计领域和产品上深层次地涉及有关文化的情感、情意和记忆；这些都广泛渗透和影响了设计形式和内涵意义的各个层面。正如李砚祖在《设计：在科学与艺术之间》中所指出，设计开始从有形的设计向无形的设计转变；从物的设计向非物的设计转变，从一个强调形式和功能的技术文化转向一个非物质的和多元再现的人文文化。

对此，包括日本索尼、韩国三星、荷兰飞利浦等消费电子企业的设计师，都在反思这一问题。这并非要反对全球化的未来，而是不希望在全球化的市场中迷失自己固有的地域文化特色，而再次陷入另一种形式的"国际风格"。因为与技术相比，文化的延续才是人类社会最有价值、也最长久的东西。今天的世界似乎忽然间变得更小、更加多样、更加相互依赖，也更加强调慎重地保持某种地域种族的特色，甚至一个小小的地区都注意仔细记录历史。这些都推动设计师积极思考如何将亲近人性的文化因子与当代科技产品相结合，从而与各地消费者建立起更深层次的沟通和信赖感。设计师应用地域传统文化元素进行产品设计是对本土文化的再思考和回顾的过程，所以设计师在进行产品设计的行为过程中要对此进行重新定义和评估，从而适应社会需求和消费者的精神。作为设计师首先必须成为文化的持有者、传承者，也就是在设计中通过物化的产品实现文化的再现与传承。更重要的是，设计师应该努力使文化更鲜活，更有生命力。如使文化更易于学习和传递、更具有现实意义，突出文化的包容与整合性，提高文化的个性价值，增强文化的适应与生存能力等。

7.2.2　文化与产品设计的相互影响关系

如章节 7.1 内容所述，文化是人类在文明进化的过程中所留下来的产物（所有为生存而进行的活动），包括语言、风俗、宗教、艺术、思维方式和生活习惯等。也可以说"文化"是共同创造出来的产物，人们使用的工具或产品、精神生活的各种艺术制品就是一种具体的文化。美国人类学艾尔弗内德·克罗伯和克莱德·克拉柯亨指出："文化是包括各种外显或内隐的行为模式，它借符号之使用而被学到或传授，并构成人类群体的出色成就；文化的基本核心，包括由历史衍生及选择而成的传统观念，尤其是价值观念。"香港理工大学梁町提出了文化分成 3 个范畴：①物质文化，与衣食住行有关的事物；②社群文化，包括人际关系和社会组织；③精神文化，包括艺术、宗教、伦理等方面，如装饰、绘画、雕刻等。文化从表现程度来讲，是生活中外显和内隐的生活样式的设计。所谓外显是指一种行为、动作或表现，而内隐是指行为规范、价值观、思想、超自然观等。因此，文化都是通过符号传承的，人类创造文化即是创造符号系统。

文化与设计的影响是相互的。首先，文化影响设计发展，从物质文化层面来看，不同的人类族群在环境因素、地理空间、生产形态等各方面的差异十分明显。日本东京有着时尚的亚洲潮流文化，而在非洲某个地区可能盛行浓郁的部落文化，在这两个截然不同的族群中，其相关的生活工具、生产资料等都是天差地别的。而这些差异往往影响着符合相关族群的产品设计趋势。从社群层面来看，不同的族群其行为表现、生活习俗直接影响了产品的应用需求和应用体验，产品的设计要符合这些需求。

另外，从精神文化层面来看，不同族群之间对产品本身的设计标准，设计风格的评判，设计所带来的附加价值的认同也存在认知差异。同时，文化自身也受到了设计的巨大冲击和影响。产品所呈现出来的形态、材质、色彩、整体风格都是人类文化审美的表达，本质是文化取向的体现。产品改变了人类的物质生活方式，而物质生活方式本身就是文化的一部分。例如，斯堪的纳维亚半岛的产品设计通常营造一种自然、清新的审美语境，而意大利的产品设计则更多地体现了设计师追求的理想和梦幻语境。

从文化对产品符号的影响来看，不仅是作为语境的存在，更是一种潜在而深刻的记忆存在。记忆，是一种存在于内在意识与外在现实之间的动态和互动艺术，在纵向的时间范畴中，个人通过在现实记忆过程中产生的瞬间性意识片段，追溯过去所经历的事件与体验，以此在未来变换的时空环境中确认与建构自我身份认同。这种记忆在产品符号上主要是文化层面的体验和印象累积，包括横向地域性和纵向历史性的文化联系，借此可以表达回忆、希望等复杂的人文情感。这种集体性的文化记忆通过产品的一些特有符号与排列方式保留和再现出来，对形成与保持群体与社会的文化特征、加强其成员的集体认同感和归属感具有重要的意义。如工业遗产符号与工业(企业)记忆、长沙窑的碎瓷片与官窑记忆等。

对产品而言，文化记忆与传统的物品(或产品)的形式、材料、使用、场所甚至事件都保持有各种紧密的联系，以实体、影像、文字、氛围等各种形式加以表现，并建立起各种的对应或部分对应的联系。这种文化的记忆或意义联系是增加产品符号的集体认同感或地域特色个性的关键因素，体现了人的主观意识与现实、历史的文化环境之间的互动和关联。当代很多优秀的产品设计都将传统的美学意识、寓意象征、生活体验以符号的形式进行延续和发展，产品的造型、线形、材质、纪念性细节等物质性要素贮存与浓缩历史的印记和印象，其抽象的形态秩序和造物观念反映了不同历史时期的政治、经济、文化等方面的特定思考。

当代产品设计的发展，正在从功能识别、风格和表情转向新的焦点——文化的意义(其实原来也有，但现在更加重视甚至放大)，而是在更高、更广的层面上适应"不同文化的不同造型需求"。设计已经不仅仅是单纯的市场行为或者生产行为，更重要的在于它是一种积极的文化性行为。因此，通过设计来重寻产品"失去的文化意义"，赋予产品功能性以外的人文价值，重新建立产品与文化的关联，已成为设计师传承和更新本地文化角色、定位和发展本地文化存在的重要途径。从近年来建筑设计的地方文化探索、产品设计从传统文化中寻找灵感等诸多案例中可以看到这种追求"传统文化与技术文化共生共勉"的努力。

中国当代设计师应积极思考中国文化在当今世界设计舞台应发挥的作用和可持续设计发展的本源价值，从文化发展的角度，重新审视其在当代产品符号非物质设计中的价值，使文化可持续的设计成为当代连接人与技术的真正桥梁，通过文化符号设计等手段来满足消费者日益重要的情感需要。

7.3 现代产品设计中的中国文化

7.3.1 中国传统文化在产品设计中的体现

刘勰在《文心雕龙》中说："望今制奇，参古定法。"意思是只有参考古人总结下来的方法，当今的创新才能出彩。中国传统文化是中华文明演化而汇集成的一种反映民族特质和风貌的民族文化，是民族历史上各种思想文化、观念形态的总体表征，是指居住在中国地域内的中华民族及其祖先所创造的、为中华民族世世代代所继承发展的、具有鲜明民族特色的、历史悠久、内涵博大精深、传统优良的文化。它不仅是中国设计取之不尽、用之不竭的智慧源泉，还是中国设计的根之所在。

中国设计历经数千年文化洗礼，形成了独特的民族特色，在设计的功能、形式、材质等多方面体现了杰出的创造力，成就可谓辉煌。但20世纪八九十年代，随着经济"全球化"趋势影响所及，各国间不仅在经济方面的联系空前密切，文化上的交流也呈现出前所未有的局面，本土文化与异域文化的关系问题日趋尖锐，传统文化受到西方观念及思维方式的强烈冲击，应接不暇的新科技、新文化、新观念洗刷着国人的思想。与此同时，设计作为文化的载体，其发展也遭遇到此类问题。如今，中国逐渐以大国的身份出现在国际舞台，经济发展起来，政治发展起来，文化随之跟着发展起来，国力的增强对中国传统文化的发展起到了颠覆性的作用，"东学西渐"成为大势所趋，国学、中国文化、中国方式开始在世界范围内受到广泛的关注。

南京艺术学院张明老师将当下中国传统文化在现代产品设计中运用的方式分为3个层次（图7-3）：

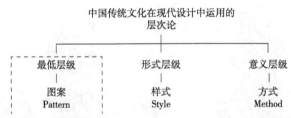

图7-3 中国传统文化在现代产品设计中运用的层次论

（1）图案设计

这种方式主要通过传统形态、色彩、材料元素的运用，使现代产品散发传统气息。

①传统形态元素的运用 形，状也；态，象也。传统形态作为历史留下的图形元素符号构成部分之一，不仅是一种具象的形态符号表达，同时也代表着特定民族、特定区域以及特定群体的审美意识。这种具有象征性意义的形态符号元素，应用于现代产品设计便成了民族性设计。

②传统色彩元素的运用 传统色彩有正色和间色之分，有伦理等级之分，这说明在中国文化中，色彩具有强烈的象征属性。现代产品设计对于传统色彩的运用，与色彩所代表的特有的象征意义密不可分。

③传统材料元素的运用 以尊重自然为出发点的中国传统文化尊崇自然与人的和谐共生，因此，尽可能保留材料的自然属性特征，还原材料的真实质感，成为多数设计师对材料的主要处理手段。

（2）样式设计

"样式"包括了特定符号和格式的集成，"样式设计"是对传统事物借用和转换，将传统形式元素抽象，通过色彩再造、造型设计、材质替换加以运用。

2007年，中国台湾台北故宫博物院联合意大利阿莱西推出"The Chin Family"，中国阿莱西官方翻译为"清宫系列"。灵感来自参观故宫时所见的一幅清代乾隆皇帝年轻时的画像，最终根据画像设计出一个眉眼细长、头戴清代官帽、身着清代服饰的吉祥人偶厨房产品(图7-4)。当下越来越多的国外设计师开始涉足中国传统文化，从中国文化中寻找灵感进行产品设计。他们选取的肯定是最具有中国味道，连外国人都能轻易理解的元素，再以重构、拼贴、幽默的各种方法进行现代设计。为什么要选取典型的中国味道，这里有两个原因。一方面，这些能用典型中国文化做现代产品创意设计的设计师大多来自国外，他们没有办法也没有能力理解到中国传统文化中隐藏的深层的东西，只能选择典型文化加以再创造；另一方面，这些国际品牌的产品受众是全球顾客，在这种情况下，产品的解读性就很重要。如果选取中国的小众、深层文化，难免造成外国人的难以理解。

图7-4　清代服饰的吉祥人偶厨房产品

"清宫系列"的设计，已经不是直接的中国元素堆砌，该产品的造型经过了抽象、借用和转换，但依然只是符号化移植的设计手法。产品设计中，符号化移植大都表现在产品表面纹样的表达上，缺乏对产品设计深层因素的思考；另一方面，由于文化差异以及文化研究的深度不够，这些设计大多是零散个别的表层应用，终究不能完整地表达中国文化的深层含义。

相比而言，以故宫中的石榴尊、柿子式盒等藏物为原型，应用石榴、葫芦、寿桃和柿子的造型及图案作为象征性符号，设计的故宫福禄寿喜餐具食器就能够给使用者带来良好且毫不生硬的情感情境，瓷器的光滑给人一种温润感，使用者感知到的不仅是线条与形状，还有潜在的文化内涵，该产品能够无障碍的传达中国传统文化中的福禄寿喜寓意，如图7-5所示。

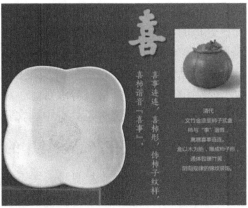

图 7-5 故宫福禄寿喜餐具食器

（3）方式设计

如图 7-6 为半木品牌设计的"你我同舟"烛台，以"舟"为元素设计烛台，当爱人之间互赠时，"百年修得同船渡"的寓意一望而知；当企业赠送给合作伙伴时，"同舟共济""水能覆舟、亦能载舟"的寓意也不言而喻。同时，烛台采用中国传统的实木榫卯结构进行拼装，可一分为二，亦可合二为一，既能让使用者体验拆装动手的乐趣，又感知了独立又密不可分的你我之间的状态，也表达出中国人对于合作、聚合的美好愿景。

这些产品上难以找到显性的中式 logo 和传统纹样，但又以中国元素为媒介，将文化理解、消化、重生，让产品的精神气质与中式审美、哲学内涵一脉相承，带有强烈的中国文化意识。它强调的不是表面形式的"中国化"，这恰恰是这种方式的难点所在。从来没有显性的要素，必须通过中国传统深层次文化的挖掘、提炼、设计和运用，对中国文化在精神和内涵上的追求，这是本土化设计相当高级的层级，即意义的层级。

图 7-7 所示为中国归味品牌的原创的铸铁炊具，产品造型体现了中国传统文化对于曲线的审美倾向，融入了浓厚的东方美学，2018 年荣获德国 iF 设计金奖。

图 7-6 "你我同舟"烛台　　　　　　　　　　**图 7-7 原创的铸铁炊具**

正如张明教授指出的：传统文化复兴不仅仅是中国的传统文化拿到当今继续发扬光大，而更应该在新的历史条件下，在现代西方文化之上，发展具有中国传统特征的新文化。这样的新文化应该具备两点要求：一是继续保有传统文化的魅力，不失传统内涵；二是可以全球解读，异域文化中的人应该也可以无障碍理解和剖析。所以利用中国方式进行当代的产品设计是一个很好的发展中国传统文化的方法，脱离固有的传统元素符号的束缚，从中国人的审美抒情、等级观念、材料运用、生产与使用、社会生活等多方面来体现中国人特有的观念，这将是具有中国文化特征产品设计的重要方向。

7.3.2 中国方式在产品设计中的体现

生活方式是生活的直接见证，关系到人在历史中如何存在。生活方式即在一定的历史条件下，由一定的社会生活交往关系中的生活主体，以一定的时间和一定的空间形式，对一定的物质生活资料和精神生活资料的利用方式。这个概念中包含了主体(生活主体)、条件(一定的时间和空间)、对象(一定的物质生活资料和精神生活资料)3个关键因素。所以我们可以看出，一定的物质生活资料和精神生活资料是生活方式存在的基础。

物质生活资料是用于维持人类生命活动的资料，象征着人类文明进步的程度，更反映了人类社会生活活动的特征和方式。精神生活资料是人们为了生存和发展，进行的精神生产和精神享受的活动中的心理因素，包括信仰、文化、情趣、审美、伦理等级、生产方式、活动方式等，精神生活资料的丰富与人类社会的进步息息相关。物质生活资料和精神生活资料相辅相成，缺一不可。人类有了合适的物质生活资料，就会以意识、思想的方式来判断、取舍(即精神生活资料的层面)，该以什么样的方式生活。

拿中国古代典型的文化方式进行举例，中国传统文化中对于国家体制的看法是"家天下"，帝王把国家当作自己的私人财物，世代相袭，所以中国历来对于血亲、血缘关系看得极重，代际关系远远大于夫妻关系，喜欢以大家族的形式进行群居，老北京四合院就是很好的思想观念反映在物质资料生产方式中的案例。再者，中国古代儒道体系哲学中讲求"天人合一"，人的生产生活要顺应天意，不要做有违天意的事，不要破坏环境，人与自然和谐有序发展。所以中国人历来在造物方面注意对环境的保护，具有强烈的生态、环保、节约能源意识，西汉铜牛灯、宋代省油灯(图7-8)等案例都体现了传统造物的生态观、节能观。可见，人们的思想文化传统深深地影响着物质资料的生产生活方式，人的信仰、习惯、习俗等根植于世世代代的思想传统更是直接表现在人们"具有意识的、经过思虑或凭激情行动的、追求某种目的"的活动中，这些活动就是人类传统文化思想在中国方式中的体现。

中国方式是产品设计的直接见证，产品设计是中国方式在具体形成物上的反映。随着人们生活水平的提高，人们的审美需求不断增强，设计为了更好地满足人们精神层次的需求而不断壮大。中国方式的产品设计，帮助人们正视自己历史发展进程中核心文化方式，并以大众都能接受、解读的形式表现出来。同时，产品设计源于中国方式又高于中国方式。"不是意识决定生活，而是生活决定意识"，产品设计不是也不可能是中国传统文化的复制品，产品设计将中国传统文化的资源加以有效地转换，是将中国方式进行再创造的过程。对于中国文化的现代应用来说，再创造才是设计的终极意义。

国际著名汽车设计大师乔治亚罗表达对设计的看法时说，"设计的内涵就是文化"。综

图7-8　西汉铜牛灯、宋代堆塑黑釉窑变省油灯

合以上我们分析传统文化与中国方式的关系，产品设计与中国方式的关系，可以看出，三者之间密切联系，不可分割。传统文化到产品设计，可以是直接的嫁接运用，但这种运用方式肯定是浅显的表面式的，没有触及中国文化的深刻内涵。只有通过中国方式作为桥梁架构在传统文化与产品设计之间，提炼中国人特有的审美方式、说话方式、伦理方式、居住方式、饮食方式等深层内涵，才有可能转译到当代产品设计的设计形式，使其具有的中国文化特征能被全球解读(图7-9)。

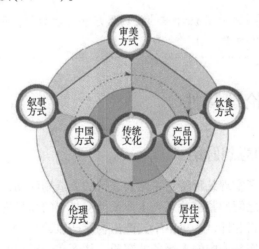

图7-9　传统文化、中国方式和产品设计的关系

> **作业**
>
> 　1. 当下中国传统文化在现代产品设计中运用的方式分为几个层次，请分别举例说明。
> 　2. 请尝试挖掘关于阅读和学习的中国传统文化元素，并思考这些元素是否可以应用于图书馆自助借阅机的设计方案中。

8　工业产品设计伦理

内容简介

　　本章介绍了工业设计的伦理属性和发展脉络，论述了"科技革命"背景下的设计伦理困境，梳理了国内学者提出的几种工业设计伦理原则模型，并针对工业设计中设计伦理的具体体现给出了明确的建议，最后对联合国可持续发展目标在工业产品设计中的实施，给出了展望和分析。

教学目标

　　本章要求学生了解工业产品设计中的伦理思想和设计原则，倡导学生可以为"可持续发展目标"提出设计解决方案。

8.1　工业设计伦理属性

8.1.1　设计伦理的思想脉络

　　工业设计是人类为了实现某种特定目的而进行的人造物活动，其伦理属性即设计的本质属性。因与人类生活之间的紧密关系，工业设计所具有的满足现实需求的特性加剧了人类对于设计近距离的注目和评价。更由于其产出物所凸显的"技术"特性，而硬性的被赋予了工业设计完全是为现实环境中的人服务的实质，从而在绝对化的强调设计与现实人类之间对应的同时，也将"人"的含义大大缩小，这种对于设计近距离的解读，在现实中成为设计发展最大的制约。

　　从现实社会的情况来看，随着人类社会高速发展所显现出的各方面的相互制约、相互依赖程度不断加深，生态条件快速改变，工业设计因以往遵循的与现实之间单一的对应原则，不仅越来越难以在现实中切实发挥应有的"创造优质生活"的作用，而且遭受到来自社会各方的指责与质疑。因而，深刻的反省变得不可回避，它意味着以梳理设计与人类本质关系作为开端，对于人类、生存、生活与设计等概念理智地做出全方位的考量。

自 1964 年英国设计师肯·加兰德(Ken Garland)起草了《首要事情首要宣言》(《First Things First Manifesto》),简称《FTFM》,它是设计伦理学方面最重要的文献之一;至 1971 年设计伦理运动中最重要的人物之一的维克多·帕帕奈克(Victor Papanek),出版《为真实的世界设计》(《Design for The Real World》);再到 2000 年,著名的《调解者》(Adbuster)杂志回顾了加兰德的宣言并将其更新,其间无论是豪格在德国出版《商品美学批判:资本主义社会中的表象、欲望和广告》(《Critique of commodity aesthetics appearance,sexuality,and advertising in capitalist society》)还是帕帕奈克本人在 1983 年出版的《合乎人性尺度的设计》(《Design for Human Scale》);1995 年又出版的《绿色规则》(《The Green Imperative》)中所阐述的观点,这些书籍都是在探讨设计与伦理方面的关系,对其进行综合概括,可以看出其思想脉络大体上遵循着以下 3 个主要方面:

首先,设计应该为广大人民服务,而不是为少数富裕国家服务。帕帕奈克尤其提到设计应该为第三世界的人民服务。作为一个非常具有平等性内涵的提法,它在事实上是针对现实场域中具有不同种族、不同社会阶层、不同地理区域、不同宗教信仰、不同政治地位,但却处于同一时代的人类群体中的不同成员而言的,通过设计的手段及相应的产物,使上述的这些不平等最大限度地消除,应该是自近代开始,越来越多的设计师的共同理想。

其次,设计不但应该为健康人服务,同时还必须考虑为残疾人服务。作为设计在一个特定阶段产生的新动向,"为残疾人设计"曾经很大程度的显示出其应有的人性化思考,但同时,"为残疾人服务"的提法,也在某种意义上反映出立足身体健全人的视点,对于身有残疾人士的内心感受了解并不充分的缺陷,作为对此作出的纠正,为"非正常状态的人设计"则于体现出更多人性化色彩和人文关怀的同时,反映出设计实践主体对于现实人际之间的关系更深一层的考虑。

再次,设计应该认真考虑地球的有限资源的使用问题,设计应该为保护我们所居住的地球的有限资源服务。这个部分毫无疑问是在以未来人类与现实人类之间的和谐度作为思考问题的立基,虽然处在同一时间段的人类也存在资源分配不公、资源能源充当着不同区域间的各类矛盾产生和激化的要因的现象,但相比未来人类与现实人类之间的这类矛盾,现实矛盾的影响与后果都要轻得多,毕竟现实的能源、资源危机尚不至于立刻影响到当前人类的生死存亡。也正是由于这种尚不足以危及现实生存的缘故,使我们秉持着消费主义的理念,对于资源与能源的消耗越来越具有攀比的意味,对于未来的致命影响也由此快速的获得显现。

8.1.2 工业设计发展历程中的伦理思想

对于设计伦理的认识并不能简单的将其限定在近现代的西方社会,从工业设计的发展史来看,设计在发展演进中,经历了一个并不算短的从属于加工制造行业的阶段,工匠与设计师角色的合一,使工匠对于伦理的认识就等于是设计师对于伦理的认识,例如,宋代济南刘家功夫针铺这个目前最早的标志,就体现出加工制造与设计合一所形成的诚信、质保等共性化的伦理主旨,如图 8-1 所示。

图 8-1 宋代刘记针铺

在人类社会用具用品制造技术尚不完备、各种需求尚处初级阶段的时代，设计无疑是包含在"生产制造"这个概念中的，是"生产制造"整体概念中的一种成分，对此，设计理论界早已达成共识并形成定论，一句"在材料中摸索形态"就一定程度地反映了今时对于过去的认识。在颇具传统色彩的制陶行业中，至今依然存在的手工方式的制造、加工技术，就非常现实地为我们展现了设计—加工—材料之间的高度合一，随着近代西方工业革命的兴起，在世界范围内催生了人类生活与各种用品、器具之间日益紧密的对应关系，它建基于技术与现实需求之间的对应，以对于纯粹的机器背景下的加工技术的重视作为表征，"技术—现实生活—机器"之间的关联，最大限度地强化了人们头脑中对于机器及其所承载技术至高无上的地位，并进一步现实的将这种地位与人类的现实生存及未来发展紧紧对应，形成事实上的工具主义的价值观，在 1851 年英国伦敦万国博览会上展出的很多产物，一方面显示了当时工业革命的成果，另一方面暴露了"设计"成分在"技术—生活需要—机器"这组对应关系中的快速异化——罗马柱式与机器的结合并不说明设计概念的缺失，而是体现出设计被割裂开来的事实：设计不是被整体的作为"发明创造"概念中的成分被认知，而是被区分为"构想+创意+形式+美感"这样一个关系式。

尤其在展览会之后，通过欧文·琼斯（Owen Jones）、亨利·科尔（Henry Cole）、克里斯托弗·德雷瑟（Christopher Dresser）等代表性人物在"装饰—纹样—形式"方面的努力，产品的外观美感虽然有所提升，但也在很大程度上进一步强化和加剧了设计自身的这种割裂，设计被越来越等同于外观形态的创制。最优的功效与现实的需求之间的平衡因技术的单方面被提升被强化而遭到破坏，为展现技术而推出产品以及单纯地追求视觉的悦目与外观形态新奇，成为近现代社会越来越突出的做法，在大量产品因为诸如此类的原因被生产出来的同时，每个社会成员的头脑中对于设计的认识正趋向于同质化——为了视觉美感、使用的手感和触感而展开工作，似乎就是设计在现实社会中价值的最大化体现。由此在材料的不断推陈出新、形态创制的标新立异、加工技术的不断精熟背后，是每一个产品相比以往大大缩减的使用寿命和制造成本以及越来越炫目的外观。伦理思考不仅变得表面化，而且呈现越来越明显的短期性。

对于设计的这种认识，直接影响到其现实实践的方向和原则，无论从生活中的细微小节或整个人类社会的发展走势来看，这种具有设计价值观实质的影响都极为显著。众所周知，人们一直在追求现代产品从大型化、机械化演变为小而全的集成产品，这种追求贯穿于人类从近代向现代行进的过程中，从计算机被发明出来，再到 iPad 这类小型化的个人电脑出现，只用了 150 年左右的时间。其中包含的技术革命因素固然不可忽视，但正是由本书第 4 章所讲述的插接、折叠、推拉等形态设计方法，具体实现了人们对小型化集成化的追求。同时，易于加工的塑料材料和日益增进的先进制造技术也消除了更多的限制，让视觉美感、使用体验的每一点提升都可以成为"新产品"被设计生产出来的理由，让"旧产品"仅仅因为式样笨重老套就完全可以成为被淘汰的充分理由。由产品、用具为纽带所串联起的"需要—产品—满足"这组关系，在现象上充分展现了物质社会的特征：大量的人造产物充斥现实的环境，使人类仅仅是出于视觉的观看就已经面临难以选择的困惑，更何况是基于使用的目的进行多元选一的抉择。这种现象不仅本质上揭示了消费主义滋生的缘由，而且预示着这种倾向与未来社会之间难以调和的矛盾。透过现象来看本质，这种状况的形成、发展，并非是由于设计的过分实施所造成的。相反，倒是由于整体实践中设计成分的缺失而使然。

在经历了高度物质化社会阶段之后，非物质时代的到来使我们的生活从内容到形式都发生了前所未有的改变，从大量虚拟化设计替代实体化设计形式成为日常生活不可或缺的组成内容开始，设计就日益处在摆脱单纯的视觉效果和外观形态的限定，而与技术开发、推广等环节进行整合的状态。可以简单地将这种状态概括为：从外形到内涵、从形态到功能的改变，设计的发展已经使设计面临从单纯的外观设计向兼具新功能开发和优质生活文化创造演进的要求，设计的实践已经越来越呈现出从单纯的产品造型、视觉传达等专业性内容向新产品开发、新品牌创立和规划等产业化方向的拓展，其实践性也不仅仅限于整个产业化全局中的个别环节。以往的设计主要是在"市场需求的调查研究—产品的定位与研究开发—产品的生产制造—销售市场的铺设与拓展—产品的回收"这个全过程中，承担"产品的定位与研究开发"及"销售市场的铺设与拓展"这两个环节的相应工作，往往局限于表面效果的营造和既有产品相应概念的视觉化推广，而并非真正深入产业化的内部，成为产业核心的一部分，可以说，传统意义上的设计是在为"发明创造"这一核心内容进行造势，而非"设计＝发明创造"，这种现实状态与"创造、创新"的设计本质属性之间形成了很大的反差，制约了设计行业对于设计本质的认识，并影响到社会对于设计应有的重视，也限制了设计应有的良性化发展前景：首先，不能使设计全程参与到产业化的实践中，既不能在具体环节中有所体现，又不能在产业过程中充当重要的线索；其次，放弃了对于道德伦理这类关涉人类整体生存与发展的重要命题的深入而广泛的思考，较为局限的将这种思考限定在"视觉化应用与人类社会"这个范围内，难以获得本质的认识与结论，也难以构成对于人类现实和未来长远发展的最大影响。

在当下的设计实践中，由于具体产品与人的现实需要之间存在的对应性，越来越多的用品器具被制造出来。这些器物中为数不少的仅仅是在形态、材料、色彩等方面具有差异，就具有了在当代社会被重复制造（产出）的理由，这种情况应被理解为为了追求现实生活的优质丰富，或突出功能与生活优质化之间的对应，而获得了非常广泛的认同，与此同时，在"视觉层面→不断翻新→刺激消费→导致大量生产→大量消耗资源"过程中所体现出的对于人类代际生存公平的违背，则不仅被忽视，而且这个过程中的"视觉不断翻新→刺激消费→大量生产"还被视为近现代设计所担负的最为重要的使命。这种客观存在的情况，在事实上加剧了设计伦理反思的必要。

8.1.3 "科技革命"背景下的设计伦理困境

所谓"科技革命"，泛指一切以科学应用于技术而对现实社会产生影响的行为与产物。有关科学与技术的这种认识，一方面鼓舞着人类不断探索科技自身的发展可能，并尽可能地转化为现实可用的产物，从衣食住行等日常生活中方方面面的点滴改变，到对于深海和外太空的探索，设计实践由此获得巨大的发展机遇；另一方面则纵容了不计后果只图眼前最大化获益的实践不断进行，尤其是将"科学技术"与"造福人类"想当然的对应起来，更是在一定程度加大了具体实践的疯狂程度：随着越来越多前所未有的产物快速地被制造出来，不仅生态环境严重恶化、资源与能源过度耗费，而且在新技术快速产生的背后，技术决定论的认知使人类越来越受制于技术：不是在应用技术改变生活，而是在不断期待技术的过程中被动地改变着自己。原本在科学的语境下并不明显的关于"德"的思考在此前提下逐渐凸显，致使设计实践面临着无法回避的伦理困境：科学技术直接与人类现实相对应，显著地改善了生活的质量，最近一百年科学技术飞速发展与人类生活巨变之间的对应，已经极其清晰地展现了远远超出我们想象的日常生活图景，而以"没有最好，只有更好"为主旨的探索又宣告了"科学技术与人类生活"紧密联系的方兴未艾。然而，水资源匮乏、能源危机、环境全面污染、自然灾害持续不断，已使我们难以顺畅地实现既定的宏大目标。此外，原本建基于"全人类"的"科技进步对于生活的改造"，却在事实上成为部分人的专享，由此形成区域和人群的划界。

对于"科技革命"所导致的设计实践的伦理困境，不能仅限于笼统的谴责，还应当进行更为深入的分析。具体来看，困境主要是由以下3个方面的冲突所致：

(1)人的最优发展与设计实践成果最大化之间的冲突

包括设计在内，实践的主旨本应是为了人的最优发展，人作为核心理应具有无可撼动的主体地位，无论是技术、材料还是加工都与人的现实情况相对应，体现了人类立足当下、超越现实的最优发展计划。人的核心性在其中同时与物质使用性和非物质精神性相对应，体现出浓厚的人道主义的色彩，并在设计理论及实践环节均有所表现：从手工作坊到机器大生产，使我们感知到因加工方式的革命而使更多的人从设计产物中获益；从人体工学到健康工学，使我们感知到实践主体对"以人为本"理解由表及里的变化。然而现实中由于"科学技术-生产力-金钱"之间的对应，使"人"这个要素被极大程度的忽略，技术成为价值的终极，技术所产生的效益成为一切计划的标准。人道主义伦理学大师弗洛姆曾指出："人类在追逐科学的过程中获得了成功却失去了自己，技术理性满足了人类的生理需要，却不能满足人的特殊需要和机能，如：爱、敏感、喜悦、愁绪，人们生活在他所创造的技术世界中，他实际上是受机器的奴役，现代人处于异化的综合征中。"

设计作为科学技术现实化的重要手段，承担着连接科学技术和公众的桥梁作用，因此，"迷失自我"也一定程度反映在设计实践中，从三菱到丰田，从东芝到惠普，代表着科技和设计最高境界的世界品牌，已经通过不断出现问题的产品使我们日益感受到"迷失自我"。它本质的反映出人类社会存在和发展所依赖的某种思想体系被撼动甚至颠覆，而这个体系建基于重视人的价值、肯定人的地位并给予人应得的尊重与尊严，是总称的实践要则，也是人类在历史与未来之间把握自我的要则。

（2）设计实践系统功利原则与简单功利原则的冲突

在设计语境中，当由利益来体现功利主义原则时，就必然会被扩大、充实为物质功能，借助"快乐-利益-功利"这一组关系，功利主义思想与设计实践之间的关联得以直观展现。通过设计实践的作用，人类所具有的趋乐避苦的心理反应日益强烈，相应的产物无疑对其构成了阶段性的满足，这成为设计实践中功利原则的现实表现，因为从个体的主观感受、心理联想等极富个人色彩的立场和角度出发，它与个体的人的对应性往往影响到现实阶段的设计实践，成为实践的导向。这种简单功利主义的反映，不仅使设计实践完全流露出"造福于当代"的旨趣，而且更进一步落实为"造福于一方"的实践指向。

2017年12月，跨国科技巨鳄——苹果公司发布了一项声明，终于公开"承认（Acknowledge）"确实有在利用某种技术手段来限制旧款iPhone的性能表现。虽然苹果宣称，他们这样做的目的是保护旧款手机不会因为电池的老化而产生各种使用上的不便、故障，甚至是安全上的疑虑，但这样"贴心"的用意，仍然引起了一部分消费者的不满，他们对苹果公司提起了诉讼。这些消费者认为，苹果采取降低效能来延长电池的使用寿命（还有由此而产生的包括意外关机在内的各种问题）的措施，却未尽到告知消费者的义务。此外，苹果也没有提醒消费者可以选择不要升级操作系统来避免自己的手机"被降速"。法国对苹果公司开罚2500万欧元，原因是在没有清楚让消费者知情的情况下，故意让部分旧型苹果手机的速度变慢，要求苹果公司必须在其法语网站张贴为期一个月的公告，指出苹果"因为疏失而犯下欺骗性商业行为（Deceptive Commercial Practice）的过错"并同意支付罚款。然而，苹果公司发布的上述声明，除了证明了消费者长期以来的怀疑并非空穴来风外，并没有任何实质性的价值与意义。客观而言，消费者并未因此有效改善他们处于相对劣势地位的现状。事实上，谁又能保证其他的品牌没有采取过类似的措施呢？

早在电灯泡诞生之初，其平均寿命可达1500h，1880年时，爱迪生改造出的炭化竹丝灯泡曾成功在实验室维持1200h。到1924年时，制造商大力宣扬灯泡寿命已经达到了2500h，现代的白炽灯一般寿命为2000h左右。科技的进步使得灯泡寿命不断上升，这表示消费者对灯泡的需求量就会降低，从而造成生产者收入下降。于是，相关业者在1924年12月成立了"太阳神卡特尔"，该集团主要的手段是通过人为降低灯泡的寿命和通过专利授权的生产指标额度控制，迫使消费者计划性淘汰灯泡。该手段也被认为是"计划性过时（Planned Obsolescence）"商业策略的起源，也正是"计划性过时"策略，造成了"用毕即弃"的消费方式与生活态度，人类不断上升欲望与有限资源间的矛盾越来越大，加速资源的过度消耗，更加剧了环境的恶化。

（3）设计实践的生态原则与人类中心主义原则的冲突

设计中的生态原则是基于如下原因产生的：人类的进化体现了"被动的适应自然→主动地向自然学习"的过程。"向自然学习"作为一种绝对主动性的原则，反映了人对自然应有的态度：自然不仅是人类赖以生存的物质基础，而且是促进和保障人类思维成熟、精神完善的源泉。仅仅秉持与自然平等的态度尚且不够，还必须在实践中对自然做系统宏观的认知，将人类纳入"自然"系统中，在向自然学习的过程中从自然中绝对的获得灵感、适度的获得物质素材、极度节制的释放废弃物，以此为指导思想所产生的实践原则即"生态原则"。这一原则要求设计实践必须以生态价值观作为硬核，实现设计的生态化。可以说，设计实践中的生态价值观将人与自然协同进化、人尽可能不破坏或少破坏自然环境的初始状态作为出发点和归宿；以消费适度化、技术选择性、对于自然的索取和应负责任的对等性作为理论的核心。具体的设计实践价值体现为：不仅要从人的物质及精神生活的健康和完善出发，注意人的生活价值和意义，而且要求实践的方法选择应体现与生态环境的相容。

8.2 工业设计伦理原则

工业设计产品充斥在人们生活的每个片段和细节中，并切实的在生活质量、理念等方面对于每个人构成影响，"设计"已为更多的公众所认识和熟悉，设计的核心性内容也渐趋清晰地呈现在公众的视野中，从公众的要求、设计肩负的使命以及具体的行为和产物对于上述方面所发挥的作用来看，设计伦理早已经成为"设计—人与人和谐共存—人类社会良性化发展"紧密对应的保障。同时，从工业设计的设计过程"最初的构想→综合各种相关要素进行设计构想的视觉化以及立体、空间模拟展示→由图纸、模型推动并保证真实产品的顺利制造→产品现实的被使用及最终的淘汰、处理"来看，在这个完整的设计过程中，从整体的批判到兼顾细节的指导，已经越来越多地涉及伦理因素，设计伦理切实的以人为对象、以人的自由及与群体的和谐作为存在的目标的本质属性由此显现；而设计的实践主旨和应有的价值也同步显现。近年来，如江南大学高兴博士、南京航空航天大学杨正、陈炳发等国内外学者分别从多个角度建构了设计伦理原则模型。

8.2.1 设计伦理五原则

江南大学高兴博士通过对当代社会设计实践中伦理现状的无立场批判，对于设计伦理与设计行为之间的关系，立足学理立场的辨析以及将设计回归到价值本原进行的伦理分析，提出了5条设计伦理原则：确立向自然学习的方法路径；秩序的创立、遵守和不断校正；以产物的普适性体现群体公众性；充分体现设计产物的伦理宣示功能；在设计实践中解构"人—利益"关系等5点。这5个原则体现了设计伦理在设计实践中获得推进的应然与必然。

(1)确立向自然学习的方法路径

首先，确立平等的态度。以感悟世界万物的规律作为前提，将人类当作万物中的一分子，不能凌驾于苍生之上。相应的"学习"体现了比照大千世界却最终指向于人的平等原则，这种原则体现且维护了人的个人性，因确保设计与个人之间对应，而最大限度地激发出个人设计实践的热情；其次，审"势"度"事"。在自然的环境中，任何人为的景、像都会不同程度的破坏自然的面貌，而人生活在自然环境中，又无法做到完全不考虑现实衣食住行的需要，如何协调人的生存与自然最佳状态之间的关系，始终是一个颇具难度的问题，因此，仔细观察体会自然中的物象，抓住其本质，依据现实的需要适度地进行借鉴梳理，在达成现实需要的前提下，进行适度的改造，仍总体保持自然状貌的方法——在江南古典园林中，能找到不少非常完善的样本，如扬州何园（图8-2）中，将戏台建于水面上，借水的波动起伏，来扩大演唱时的声音，在保持风景完整的同时满足了听戏、观景、纳凉的多重要求，使自然的效能获得最大限度地发挥；再次，廓清单纯"描摹自然"与上述路径的差异。上述对于该设计伦理原则的应用，先以对客观规律的观察感悟（体道）为源头，再将相应的结果应用于人际交往和人与自然相处，最终以具体产物的方式加以确立，相比从视觉方面进行单纯模拟和复制有明显的区别。

图8-2 扬州何园

"单纯模拟和复制"反映了人对客观世界表面化的认识，作为"向自然学习"的直接体现，一定程度地弥补了人类想象力的不足，在东西方由古至今的设计产物中，这类产物的数量难以计数。它们在丰富现实生活的同时，也使极为肤浅的自然化趣味越来越多的介入我们的生活，诸如公共场合使用的动、植物造型的垃圾箱，利用水泥堆砌的树桩状的公共座位等，都使我们深切感受到与自然之间存在的隔阂，同时，揭示了设计本体由"向自然学习和如何与环境相协调"向"满足人的现实需要并协调人与人之间关系"的转化，这种改变的背后是现实阶段设计实践与公众消费主义价值取向、享乐主义价值追求的紧密结合。在此情况下，对上述概念进行不断的廓清，作为设计伦理原则实施的前提日益显出必要性和紧迫性。鉴于此，对本书第4章中"仿生"设计方法的正确理解与应用越来越显出重要。

（2）秩序的创立、遵守和不断校正

关注"个人性"是实施设计伦理原则的一个重要依据。这里所关注的"个人性"与哲学中所讲的"个人性"是一致的，"都是一个人的存在原点，是不能以任何理由加以剔除的，它是个人意识、品质和格调的综合体"。对于个人性的关注构成了人与自然相处、人际交往及群体得以良性化存续的重要基础，对于"秩序"的构建和应用而获体现，其中所含的高度原则性，保证了人类群体各个组成部分的有机与整体效能的最大。

由此，得出又一个设计伦理原则：秩序的创立、遵守和不断校正。

"个人性-秩序"作为核心，成为具体实施及获得推进的重要基础。首先，充分认识个人能力的有限。只有认识到自身的有限，才能真正实现自觉自愿的人际间的合作，体现出整体效能远大于局部相加之和。纵观人类设计的演进历史，合作是极为主流化的，无论从设计所涉及的器具、环境、信息交流的哪个方面来看，都能充分证明这一点。在当代全球范围内，合作早已跨越国家和专业界限，而以一种实践精神和实践原则的面目行世，在人类走向未来的进程中发挥着越来越重要的作用；其次，明确个体的能力所长。"秩序"意味着各组成成分的主与次、先与后、多与少、大与小，仅认识到个体的不足并不充分，还必须明白个体的优势所在，突出价值亮点。具有客观理性内含的个人认知才是"秩序"构建所需的。在当代社会，这一点不仅涉及个人而且关乎国家和民族，不仅是尊严和面子的问题，更事关民族文化话语权和民族文化优越性；再次，充分理解物质生活提升的人人均等性。在人际、代际、区域平等的基础上，以合作促进群体收益的最大化，从而实现个体收益的相对提高是其核心。这个部分贯穿着"人际平等"的内涵，体现出对于个人无限增长的物质欲求的理性克制，不仅针对现实而且指向未来，不仅在现实的某个区域发挥作用，而且更强调对于处在同时代、不同区域人类之间的协调、干预。由此，道义、责任、诚信等设计伦理的具体内涵渐次产生，成为设计实践中伦理原则的立基，并使具体的原则呈现现实性特征。它在现实语境中使设计从行为到产物的"个人主义化"，反映出设计实践中以个人性作为立基、以公共性作为配套的设计伦理原则实施的必要，群体的公共性虽不是设计伦理原则产生的本源，但却是设计伦理原则得以推进的重要保障。忽视这一点，往往会导致异化的设计借助所谓"国际化""流行""品位""个性化"等说辞大行其道。无论群体还是群体的设计行为都具有矛盾统一体的实质：一方面整合每个的有限能力成为设计的合力，另一方面均衡每个人现时的利益需求，并限制在走向未来的过程中每个人利益程度与速度的无限增长。因此，设计伦理细化是以个人性的不可让渡来理解人际平等的实质，在此基础上协调"个人性"所产生的个人有限的能力和个人无限增长的利益需求之间的对立。

（3）以产物的普适性体现群体公众性

可以简单地解读为构建并宣示以个人性为基础的"人人为我，我为人人"的思想。众所周知，任何设计产物都与一定的现实需要相对应，也都必然与具体个人相对应，即使是将"一个"人扩大为"一群"人，它的基点还是个人，因此，群体的伦理主张不是主观的强化群体，而是客观地承认个人，它体现了群体成员之间最大限度地平等。厘清这一点，通过设计行为及产物来为每个成员服务才能落到实处，也才能真正体现伦理在设计中的价值，即以个人性的物理参数为依据，尽可能多地进行同类参数的汇总，获得最接近群体平均状态的均值，将其作为具体设计所需的参照标准。例如，对于人体工学的应用，虽然在实践中会发现它与现实的个体(人)尺寸之间或多或少存在着差距，并不能完全地在现实中照搬套用，但作为总体上的人体参数，人体工学的相关成果还是对于现实阶段的设计构成了参照系，并提供了形态产生所需的工学依据，像椅背与坐垫之间的角度对于椅子上半部的形态创制具有极为重要的导向作用，而椅子腿的数量与人体重量、高度与人体小腿长度之间的关系，则直接影响到椅子下半部的形态创制。在市面销售的形态各异、材料各异的大量椅子面前，不难看到保持"椅子"基本形态的那一类始终是生产-销售-消费的主流。由此可见，设计中的公众性应当尽可能地与功能的普适性相对应，对于普适性的具体表达以及在现实产物创制过程中的刻意追求，很直观地体现出该设计伦理原则的内涵。

（4）充分体现设计产物的伦理宣示功能

相比于道德，伦理的指向在于群体，虽然"个人-个人性"是伦理的基点，但并不意味着"个人-个人性"构成伦理的全部内容。由于伦理与群体之间天然存在的紧密对应，在设计实践中，其伦理目标由此获得明确——在行为及产物中要求凸显对伦理的明确和规范，并将这一点通过具体的产物在群体内部尽可能广泛的传播。而这也可以视为设计伦理原则之一：充分体现设计产物的伦理宣示功能与空洞的理论说教不同，借助设计产物所传递出的伦理概念更容易深入人心，也更容易在现实的场域中发挥应有的作用。它主要体现在两个方面：首先，是在实践中应用伦理标准规划、约束设计行为，使最终的产物能够经得起伦理标准的度量；其次，是将设计产物具体为伦理思想视觉化和实体化的载体，如在传统的设计产物中，就有应用雕刻的手法表现"交友""访贤"等伦理内容的作品，无论是园林中的栏杆护板还是睡床上的装饰面板，也无论是木雕、砖雕还是石雕，这类作品所具有的对于传统的道德、伦理观进行宣示的作用远大于单纯的对于环境和器物的装饰作用，它们事实上成为对于公众展开伦理教育的教科书。

无论是将伦理划归"设计伦理"的范畴，或将其推广为社会公共伦理，这两者虽有一些界限，但都与设计发生着联系，使设计产物成为具体伦理主张广为人知的载体。不仅如此，设计产物还应当对于当前全球性的热点问题有所体现，并切实的通过实体产物与人的对应，在产物的使用中实现相关理念的群体认知。就当前而言，环境保护已经成为全球关注的热点中的热点，检视历年关于环境问题的主题，可以看出，人类对于这个部分的理解正在由表象逐渐进入本质，从对环境表面化的呼吁保护，到关注人与人之间的平等和谐，伦理的内涵渐渐明晰，这也对于设计实践的发展方向构成了良性的指引。

（5）在设计实践中解构"人-利益"关系

具体来看，"人"的宏观所指包含古代、现代和未来3个场域中的各类人等，是真正意义上的"全人类"；利益同样具有不同的指向，可以概括的归纳为经济、生态利益等类别，体现了生存与发展之间的对立统一。将人与利益进行整合，就形成了"人类-历史-发展"主题下互不伤害、利益均等的伦理认识，将其应用在设计实践中，就成为一个总体性的纲领。而设计伦理原则就是在具体的环节中将这个总纲分别对应，以体现理论联系实践、指导实践的思路。通过具体产物的开发设计使它们在有序的状态下发挥相互组合所能产生的最大化的系统效能。依照这种伦理原则所进行的设计实践不仅体现了显著的系统性，而且凸显设计伦理原则的本质及其存在的价值，也为设计伦理提供了实践的原则和路径。设计伦理原则在绝对的意义上推动了人类在现实条件下对于设计有效、有益的全程规划，并由于深入具体环节地发挥作用而使伦理与设计的结合变得可能且可行。作为设计与伦理相结合的保障性要素，设计伦理原则从整个设计实践的层面展现了设计实践与设计伦理动态结合的必然结果。

8.2.2　基于美德设计伦理模型

南京航空航天大学杨正团队认为，由于产品具有伦理特殊性，产品设计能够导致各种伦理问题，使得用伦理道德来约束引导产品设计成为可能与必要。由于伦理与艺术在审美（包括道德美在内）层面的追求具有一致性，产品设计方法与评价应该基于良好道德，以善良、诚实、理性和平等的原则来实现产品伦理属性，衡量产品的伦理价值。如图8-3所示为该团队提出的"基于美德的设计伦理模型"。

该模型分析了设计活动流程的伦理走向，即从设计者/生产者/销售者出发，通过产品和服务作为手段表现，最终影响消费者和环境。在这之中，设计者与生产者/销售者之间

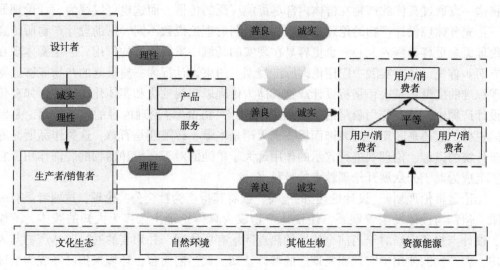

图 8-3　基于美德的设计伦理模型

存在着委托关系，消费者之间存在平等性与公正性的关系，环境又包括人文环境即文化生态、自然环境、动植物、资源和能源之间的平衡关系。这些伦理主体之间应当由良好道德来约束关系，具体包括：

（1）设计者应当对委托者诚实相待，理性地完成设计任务。

（2）设计者和委托者应当共同对产品和服务负责，理性对待外观和功能、利润和成本、消耗与节约。

（3）设计者和委托者应当为用户和消费者利益着想，并对产品特性、缺陷、潜在危险等坦诚相告。

（4）如果设计者和委托者都对消费者和用户充分负责，则产品和服务对消费者也将善良与诚实。

（5）消费者之间平等性得以保证，产品在整个生命周期内对环境友好性得以保证。

8.3　工业设计中设计伦理具体体现

在人类的发展演进中，"设计—物质"的紧密结合作为一种途径满足了人类动物性的生存需要，"衣、食、住、行"等生物性的需求成为设计的实践基础，以这些方面不断新旧交替所展现出的人类进化程度提高和社会发展的持续，直观体现了设计实践最基础的价值。客观地来看，设计实践的最基础价值是以"能量获取-维持生命运转"作为基点，它决定了人类的设计虽以"物质—生存"为起点，却并不仅限于此。因为人的存在价值并非简单的体现生物性的"活着"，而是要在"活得更好"的目标驱动下，不断探究"活得更好"的途径和方式，其中既涉及对自然环境、现象的观察所获得的客观规律、物质形态、材质属性等方面感悟与认识，也包括同类之间在生存前提下各自获得的物质发现和应用的心得体会，来自自然和人类群体双向的引导和启发，使"活得更好"这个目标伴随着人类社会的不断前进而日渐清晰。

在现实中，"活得更好"被非常宽泛的表述为"对生活质量的无限追求"。这种对应促成了设计实践的价值取向由最初的"物质创造—维持生命"逐步向"物质创造—物质享受"的转变，借助种种产物，我们已逐渐感知并融入其中。在享受由日益涌现的新的人造产物所带来的生物性快感的同时，由生存环境的快速恶化所引发的人类精神层面的忧虑则与日俱增，它必然会催生对于以往毫无节制的物质追求的反向思考，并开始着手通过一系列具体环节的改变修正设计实践行为，同时约束无节制的物质欲求。

8.3.1　建立理性简约的生活方式

针对当下的现实情况，围绕个体及群体的现实生存和发展展开设计实践，将可持续、绿色环保、低碳生活等概念灌输给公众，由于解决的是与现实生活较为紧密的内容，这个部分极易成为实践和理论研讨的热点，也同样非常容易流于形式，丧失它在设计中本该持续发挥的作用。具体来看，建立理性简约的生活方式可尝试由以下举措来具体推进：

(1)减少一次性用品的使用

在设计中追求设计产物的持久耐用，追求产物各个组成部分的可拆卸、可替换，都构成了对于设计伦理主旨的现实反映。与之对应的则是"一次性"用品的设计以及各类一次性用品，这类设计有一个共性化的特点：仅仅是在满足人们某一个时间点上的某种需求，它虽然不是按照"只用一次"的标准来设计、加工，但却在使用上体现出"只用一次"的实质。这种产物在应市之初被人为地与"现代优质生活""与世界同步的生活品位"等概念相对应，以显示"现代文化"的内涵和生活方式的创新。姑且不论产物本身是否完全的以当代社会作为指向，仅就这种产物所反映出的表面情况来看，极端个人主义的功利主义思想无疑在其中起到了决定性的作用。

大量的一次性用品因过分耗费资源、能源，不仅成为人类爆发代际矛盾的隐患，而且，正在很现实的创造着同时代不同地域、不同阶层之间的矛盾，如一次性筷子的消费，虽然都知道其对于现有环境的破坏会随着时间的推移，以累加的方式将危害遗留给后代，但依然在无限制的使用，不仅如此，一些发达国家在较为充分的考虑为本民族的后代减轻、甚至消除危害的同时，却将损害变本加厉的转嫁到一些发展中国家，肆意采伐别国的森林资源。

这类行为虽然以现实人类群体化的生活便利和舒适为目标体现了一定程度的伦理考虑，但其中却包含着绝对的片面性，它因为对于环境的破坏更加肆无忌惮、受到危害的人数更多、影响更为深远而凸显实践受益者与受损害者人数比例的严重失调。对此，设计伦理原则的细化所要解决的问题在于两个方面：首先，要尽可能地考虑减少一次性用品的使用途径，除了医疗、卫生防疫、疾病控制等环节需要消除传染的隐患而必须使用一次性产品之外，日常生活的其他方面都应最大限度地减少使用这类产品；其次，必须使设计师和公众都认识到这样一个事实：即使使用可降解的材料制造一次性的用品，也并不等同于没有对未来和现实构成一定的损害，即使原材料可以做到在使用之后不长时间就可以降解，也并不能忽视在加工生产环节所必然存在的对于水、电等能源的消耗以及可能对于环境中空气、水源等自然资源的破坏。以此来观照现实环境中以"伦理思考"为名所产生的一些设计，就显现出设计伦理原则细化环节的缺失，如应用可降解塑料设计、制造出的便携式咖啡用具就是此类设计产物中颇具代表性的。

更为本质地来讲，对于一次性用品的认识还应当建立在对此类产品生命周期的环境影响及相关的对于环境的干预的认识基础上，这样才会在具体条件的规定、制约下，形成良性的针对一次性用品开发、应用与回收的系统化机制。

（2）推进强化回收性的设计

应用回收材料进行再次设计，赋予这些传统意义上的"废物"以新的使用生命，体现了现代社会对于设计价值重新进行全方位的审视和更深层次的探究。这一举措包括两个部分：首先，强化针对垃圾进行再设计的理念。如在关于垃圾的再生设计中，这一点就非常重要——所谓的"垃圾设计"并不是要将回收废弃的产品进行"修旧如新"式的翻新处理，而是要在"重新被使用"的前提下再次作为一种产物被使用，它不是以第一次被设计、制造出来的面目重新服务于人，而是以适合回收、最低的再次加工成本、对环境最小的破坏度等为原则的二次制造。如将废弃的纸张、纸板回收加工成蛋类储运架，手机、运动鞋的包装盒等，就体现了这种实质。其次，使物的变"废"程度最大化，应当以现有的产物所含效能的最大化发挥为前提，作为一种趋势，为数不少的作品已经为我们表明了这一点，如将干电池的电量全部耗尽的灯具，为我们展示的不仅是设计师的奇思妙想，更是以精良的技术作为保证所呈现出的电池效能的最大化实现。

其实，对于废弃物的再利用，无论如何也不能忽视这样一个认识：尽可能地将现有的人造产物的既有效能全部发挥出来，只有物尽其用之后才是真正意义上的"废弃物"。作为进一步实践基础，以这样的废弃物作为素材进行重新设计，才能够充分发挥出"对废弃物进行重新设计"的最大价值。应用这样的理念进行的设计无疑体现了设计师的历史使命感和责任感，也同时反映了设计伦理思考与认识在设计水平达到一定阶段之后的必然升华。从早期对于废弃纸张进行再生纸的加工，到当前应用废纸进行灯具等产品的开发，"对废弃物进行重新设计"这个理念所涉及的内容越来越多，这也意味着整个社会对于这个部分日益增长的关注度。需要注意的是，对于这个部分的深入展开，应当是以"设计师+企业+公众"的人员构成来获得推进。

（3）加强"人体工学"的现实适用性

在现实中并不存在单纯的围绕"人-物质-需求"的对应而生成的设计行为，任何设计行为及其产物都必然会与具体的"人-群体"发生关联，由此，人类群体的现实状态会因为设计行为及产物的影响而出现一定的改变，例如，由于同类产物尺度上存在的差异所形成的不同使用对象在应用中并不相同的使用效能等。因此，维持人类群体稳定状态的人伦原则应然且必然会与设计行为相结合，并现实直观的在产物中有所体现。在以提高现实生活的效率为目的而创制一些辅助性的器物用具的时候，会以人体的一些生物功能性作为突破口，在"人体工学"研究的基础上结合现实情况，进行具体器物用具的发明创造，以实现"设计贴近现实条件下的人类群体"的目标。

然而，从"人体工学"的起源及相应的研究成果来看，其格式化的应用模式、过于均值化的测量数据以及突出西方人种普遍生物特点的现状，都与我们现实的存在一定差距。从现象和具体产物中早已经可以清楚地看到很多弊端，例如，儿童凉鞋中的某类设计，将鞋面设计的过于宽大和封闭，在满足儿童穿用舒适的同时给予"可户外穿用"的暗示，却忽视了鞋与脚之间的贴合度以及儿童有限的自我照顾、随机应变能力，从而在搭乘公共扶梯的时候引发了意外；在针对成人的设计中，这类依据概念化数据创制的产物更是比比皆是，它们往往通过炫目的外观、打着高科技幌子的材料、并不低廉的价格，以及所谓的"人性化关怀""高效、快捷现代化的生活方式"等说辞，使我们被动的依据这类产物来改造自己，从生活的习惯到身体的生物性特征，都成为被改造的对象，例如，鼠标导致的"电脑手"疾病、电脑的外观设计所导致的颈椎、脊椎扭曲、变形、老化之类的危害早已为人所知。

随着设计与人及人类群体的关联越来越密切，设计所需"人体工学"中体现出更贴近现实不同区域人群具体生理指数的思考以及行为和产物中以此规划、约束具体设计的成分越发明显，如确立人体主要尺寸的应用原则，以尽可能地使现实设计获得与日常使用者最佳的贴合度。这种做法在很大程度上实现了人体工学向健康和人性化的转变，使单调、生硬的数理化指标变得更富人性化和现实化，体现了人体工学应有的与现实生活及现实生活具体需要之间的紧密对应。

(4) 关注设计的通用性

首先，在具体的设计实践中通过对于设计产物功能与形态通用性的考虑，来实现人类群体共同性的需求的满足。像在很多日常用品的形态设计方面存在很多历经几十年也未曾出现颠覆性改变的例子，就一定程度说明了这种情况；此外，这种针对"通用性"的考虑还在客观的立场为随后的同类产物的创制提供了依据，如提及喝水的杯子，很多人就会将上大下小的这种形态与之对应；提及吃饭的碗，就会将倒置的圆台状、圈足的形态与之对应，比对自西晋至清代的碗，可以看到在功能高度一致的前提下，是形态的高度相似，这种情况反映了存在于人类群体间超出历史和地域的限定所客观存在的"相同的需要/同类的形态"之间的对应关系。人类跨越代际所形成的和谐，往往就是借助这种对应关系才得以实现和延续。其次，对生产制造的环节加以改进，通过降低生产制造成本来呼应形态、功能通用性的考虑。例如"批量化加工"范畴中的流水线生产方式、模块化集成电路板等都作为具体的配套方式在现实中发挥着作用，这类起源于近代工业革命的加工制造方法，在随后的时间段依然被证明为有效。材料作为与之相对应的一个要素，在现实应用的层面使这个环节得以具体化并获得较好的效能，因此对于既有材料做最大限度地挖掘、对于新材料不断进行开发和创造，始终是"生产制造"范畴中的一个要点。

在上述两点的作用下，具体的设计在满足物质功能需要的同时，考虑具体使用者的社会角色、产物所使用的场合等，就体现出一定的伦理思考——前者主要指向"设计产物为人服务"的普适层面，后者则指向两个部分：一个是设计产物"能否满足具体人的具体需要"，另一个则是设计产物"是否会引发现实人际的不平等"。这两个部分同时存在，使相应伦理考量充满思辨，具体的设计因此而应当以适度性作为原则，谋求自身与伦理之间尽可能全面的结合。与宽泛的"设计-伦理"对应所产生的伦理思考相比，这种具有全面性的设计与伦理的结合，体现出细化的实质。

(5) 明确设计的耐用性要求

作为设计实践的共有属性，设计伦理除了为其顺利实施提供必要的监督和问责，更在宽泛的设计认知和实践的场域中对于设计伦理细化概念不断进行着普及和强化，检视存留下来的古代设计产物，其中体现出的设计伦理细化的思考，的确具有跨越时代的色彩，较为常规的做法是在一件器物中，应用不同的材料来加工不同的部位，在实现最佳使用效果的前提下，以促使器物制造成本的降低以及使用寿命的相对延长，例如，图8-4所示的清代的藤编茶壶箱、铜质熨斗，就是在器物的主体部分使用了能最佳达成器物功效的材料，藤/保温、铜/导热，而在一些使用频率较高或与人手密切接触的部位，如壶箱的提手使用了耐磨的金属材料、熨斗的把手使用了隔热的木质材料；为避免因拐角部分的磨损影响美观并造成器物、家具的不必要老化，而用铜皮进行包角的处理；在家具设计中利用云石作为椅背或桌面的镶嵌。作为一种优秀的设计传统，它值得我们在现实实践的基础上加以继承，不仅为了保留传统设计的形式，而且是将长久以来形成的产物使用与设计的理念现实发扬光大，以一定程度的减少物质的过度消耗。

图8-4　清代的藤编茶壶箱、铜质熨斗

（6）对于奢侈品和设计中的奢侈化倾向加以遏制

在"物质—现实"这组关系的框定下，设计以物质获得改造的方式满足现实人类的需要，很容易被认为是针对设计的永恒不变的唯一考量标准。这种以阶段代全程的认识在现实的设计行为中，直接的反映为大量极尽奢华的设计产物的涌现，以及以高档产品的消费作为社会阶层划分的标准，相应的环境、资源等也在这种毫无止境的围绕"物质—需要"展开的实践行为中呈现出更甚于以往的恶化状态。例如，对于现实享受的过度追求，使人类在各方面都呈现出"没有最好，只有更好"的价值趋向，仅仅是皮带、手表、皮包之类日常生活的小用具，就因归属于普通用品或奢侈品而有本质的差异——从材质、做工、款式、价格、使用周期等方面都能明显体现出二者的差异。从大量高仿或低仿的伪奢侈品充斥于世不难看到，"奢侈品—物质享受/社会身份"的对应已在事实上超越了"奢侈品—优质产品/优质产品的制造标准"的对应而成为公众对于"奢侈品"概念的解读，并由此加剧了社会阶层的分化：使用奢侈品的有闲阶层和使用普通用品的大众阶层。单从"设计创造优质生活"的角度来看，不能说"奢侈品"本身存在什么设计伦理方面的失误，它不仅一定程度体现了设计行为、产品生产、品牌创造等几方面相结合所能达到的较高程度，而且一定意义上树立了有关产品质量的现时范式，以奢侈品的设计、生产标准作为相应标准，理应能够大大提升普通用品的质量，从而推进普通公众日常生活质量的提高。然而现实的情况却并非如此，在这两个阶层的对立存续且呈现加剧趋势的过程中，不仅仿冒的奢侈品不断产生，而且为普通大众制造的日常用品也出现日益低质化的现象。新的设计异化认知借助具体物品变相的对于人与人之间的差异进行强化，早已经在另一方面被培植而出，如将简陋的功能、毫无美感的外观、极易损坏的材料、低廉的价格当成设计谋求人际公平的手段以及最终的体现。此外还倾向于通过对于优质优价的产品（设计）进行形式上的仿冒，使具有低廉价格的劣质产品（设计）得以通过表面上与优质产品的相似和价格上的优惠而与"公众"进行对应。上述的现象都是在表达"设计公平性-低廉的售价-每个人都能买得起"这种表面化的观点。

这种由理念到产物全程都充分体现着行为主体"想当然"的实践，因缺乏对于"人"全面的理解与深切的关怀而在本质上表露出对于"公平"这一伦理原则的极度曲解，这种对于"人"所做的概念化解读由于缺少现实的针对性，并且通过"大量劣质产物-公众"之间的对应，使原本就已存在的人与人事实上存在的差别更加获得强化。需要注意的是，基于这种认识所产生的设计产物，即使是应用极低劣的材料和极粗糙的加工手段，也同样涉及资源、能源等方面的消耗，且因与现实社会的脱节，使消耗变得毫无价值。

8.3.2 确立良性持续的制造方式

生活方式的简约理性必然会连带影响到设计产物生产制造方式的改进，仅仅满足于产物的不断产出，早已不是现代生产制造的全部，"在历史上人类从来没有像现在这样掌握如此巨大的力量和能量，技术及其进步使技术不再是简单的工具，它已经成为改造世界、塑造世界和创造世界的因素，在技术领域中出现的变化趋势使责任伦理问题突出出来"。单纯围绕技术本身的任何变化对于"生产制造"来讲，都不能被视为具有划时代的意义，然而，伴随着社会不断地向前发展，以大量的产品快速的产生和应用为表象的"生产制造"方式越来越受到来自社会方方面面的质疑甚至是否定，无论是与日常生活紧密关联的生产制造范畴（如日用品、家用电器、文化产品等），还是与各类专业生产门类对应的生产制造门类（如机床、矿山设备、建筑机械等），都同样需要接受来自当代伦理规范的考量，这种颇具系统科学本质的考量，直接对于"生产制造"按照"在和谐前提下人类共同发展、社会保持良性前进势头"的目标进行重新规划。具体反映为以下举措：

（1）以产品设计为源头

以往在整个生产制造的过程中作为开端的"产品"被对应为围绕"需求"进行创意，并将构想进行视觉化、实体化、标准化加工的各种方案，它与中间的加工环节虽也有一定的联系，但并非环环紧扣：首先，设计人员不了解生产环节的工艺细节以及有关加工材料的现状，对于市场情况的了解也存在欠缺；其次，加工环节自身存在一定的问题，如设备老化、观念陈旧以及缺少品牌化的意识，仅仅满足于常规性的生产加工；再次，受到市场的影响过大，如原材料涨价、生产成本增加。为了维持原有的销售价格，只能从减少材料用量、降低材料规格等方面入手，抵消现有成本的增加。这一点尤其受到现实社会价值判断与价值取向的影响，从根本上使加工制造行为成为展现现实社会价值观的一个窗口。作为生产制造行为的末端，产品市场化由于上述环节相互较为松散的衔接而面临着更多的变数，对此可直观认为：由于设计环节较为理想化，而加工环节又过于现实性，最终的市场化环节又必然会完全以迎合市场的现实状态来完成批量产品的快速售出。由于上述原因，具体方案与相应材料之间的对应并不一定与最初的"方案"相一致。"构想"与"现实加工"之间的脱节，导致设计不能在整个生产制造范畴中有效地发挥作用。

作为解决之法，可以一定程度的构想以"产品设计"为源头、并将其作为全过程得以顺利实施保障的"先进生产制造"的模式，并将这种模式在现实社会中应用和推广。作为一种以系统科学思想为引导才会渐趋形成的生产制造模式，它与设计的紧密关系无疑是其获得确立的现实保障——设计伦理的思考与考量必然会贯穿其中，相应的每个环节则自然而然地会使这种伦理思考与考量得到具体体现，如此，整个生产制造过程也就直接地体现出设计伦理细化的实质。

这个"产品设计"并非是"工业产品造型设计"的缩略语。狭义的"工业产品造型设计"在这个作为"源头"的"产品设计"范畴中只是一个组成部分。就"生产制造"行为而言，具体的产品贯穿于整个"生产制造"的过程，既充当着存在前提也担负着获得持续发展的基础。在"生产制造"行为的起始两端，具体产品都占据着决定性的位置：最初是以围绕"需要→功能→产品的形态"所做的构想、视觉表达、实体化模拟等，是在为随后的加工环节创造和准备必要的物质条件。一旦产品经由中间的加工环节得以批量化产出，就必然面临着如何走向市场，由此，生产制造过程的末端就是要考虑如何使具体产品与市场、消费者之间顺畅地实现融合。例如，迎合现实阶段市场同类产品的普遍价格实行定价，依照消费者当前的喜好进行商标、包装等视觉载体的设计，按照产品的属性和消费群体的特性进行广告、营销、公关等市场拓展、产品推广等，诸如产品形象代言人的选定、产品宣传口号的确立都属于这个范畴。

（2）整合原材料选择、产品制造、销售、使用、回收为一个完整体系

作为上一个部分的接续，这个部分不仅会进一步体现先进生产制造技术的内部构成，而且会使设计伦理细化的价值获得来自生产制造领域的证实。从现实的情况来看，以往的生产制造已经为我们充分证明了将这些内容进行有机的串联并不能依靠政策、法律，虽然不能否认这些因素在宏观视域所具有的长效影响，但回归到与具体产品相对应的生产制造，就必须寻找一个更具现实有效性和极强操作性的要素作为串联的主线索。据此，以产品的整体设计作为线索，恰恰可以达成上述要求：

首先，从"构想、创意"的最初阶段就将相关的伦理标准加以明确，并通过材料、形态、物质功能等元素的对应体现这些伦理标准，如高硬度、高耐磨损度材料相比于低硬度、低耐磨损度的材料，在制成同类器物之后更具有持续使用性，也更能够在延长使用寿命的同时，因延长了产品"制造-废弃"的周期而节约投入"生产制造"的能源、资源，实现生产成本的节约。再如，优质的产品相比于劣质的产品，本身就通过"设计—制造—产物"的关联表达出了设计伦理细化的含义。

其次，以具体材料对应设计方案的阶段，因为是以兼顾现实和未来作为设计方案产生的前提，其中对于材料的选择与规划必然要合乎这一前提，如使用可降解材料或利用废弃材料进行2~3次的再利用等，都需要在现实生产中予以严格遵循，不能随意地加以变动；基于产品最终回收再利用的考虑而对于结构采用可替换、易拆卸等方式设计，也需要通过具体工艺的充分发挥来获得实现。这也要求对工艺技术精熟的掌握、充分施展和不断地挖

潜。需要注意的是：在现实的实践中，很多设备的使用和相应技术的发挥，都是以具体的人为主导的，单纯地强调技术和设备的先进性而忽视人的主观能动性，只会导致"人—机"之间的对立，使"设备—技术—人员"之间无法实现真正的融合，以此作为设计构想实现的途径和保障，无疑是难以圆满达成设计初衷的。

再次，在设计方案以批量化产品的方式产出之后，围绕市场、消费者所作的工作并不是为了更快速地创造高额利润，而是要充分的将以设计构想为开端，并通过具体的加工环节而由"实体化→批量化"的推进渐获完善体现的产物价值(有用性)向社会公众进行行之有效的宣示，其中毫无疑问地会涉及以低碳环保、可持续发展等作为具体着眼点的公平、责任等伦理思想，也同时会不可缺少借助真材实料的素材、以人为本的现实功能、质价对等的终端产品直指当代，通过具体产品来倡导诚信、关爱、尊重之类的伦理理念。

(3)减少生产全生命周期的环境影响

生命周期是一个事物从"生"到"亡"的必由过程，它通过"产生→消亡→消亡后仍旧存在的效应"等环节环环相扣而获体现。上述各个环节共同作用，在事实上构成了围绕"产品"所形成的"生产制造"行为的全生命周期。从最初将具体需求通过对"材料"和"形态"组合的可能性进行探究，到以一定的技术手段和加工工艺来使方案变成批量化的产品，再到通过信息媒介的作用使产品被社会接纳并应用，以往已经属于"生产制造全生命周期"的这些内容，在现实阶段已经越来越呈现局部化的趋势。因为"环境"要素日益深入地影响到关于"生产制造"的认知，并使之直接转化为具体行为，所以，"生产制造"已经从具有相对封闭性转而成为极具宏观性的系统化概念。以"环境-环境所发挥的最大效能"作为基点，现代"生产制造"所应具备的谋划在先的属性更为凸显。而这种"谋划在先"的具体所指无疑又与跨越时代、地域和种族的"环境保护""人类的平等""社会的正义"等人类伦理的基本准则相对应，因此通过在现实的生产制造行为中以设计为源头和路径，有目的、有计划的推进"先进生产制造"理念，无疑体现出现代生产制造所应具备的良性持续的运行模式，也宣示着其减少对环境的不利影响，以实现环境效率最大化为考量标准和最终目标，保护并保证人类健康的伦理使命。由于这种类似于纲领与原则的伦理成分在生产制造环节日益成为贯连全局的线索，因此，有关设计伦理原则细化的认识及应用也在这个前提下获得了超越以往的提升。

可以说，生产制造范畴中的伦理内容是由"设计"这个源头引发并借助设计行为获得解说和落实，在整个生产制造的过程中，设计的全程参与不仅使设计伦理原则的细化成为生产制造所含伦理获得实现的重要渠道和保证，而且设计伦理原则细化的思考也因此得到体现和保障并逐步发挥影响。

从某种意义上可以这样认为，良性持续的制造方式是在创造绿色的产品，而制造这种区别于传统产品所应用的技术，必然连带相应的生产制造投入要素的改变，如自然资源需要付费使用，替代性资源的使用会增加生产成本，用于清洁的加工和技术的资本投入会增加成本，新的法律法规会增加成本等。

8.3.3 树立适度节约的消费方式

依照"能量获取—维持生命运转"与"物质手段"的对应来看，种种"物质手段"是与食物的获取、加工、饮食等行为对应，并通过具体器具达成的，其中包含着个体与群体的需求既统一又对立的矛盾关系，在物质应用手段相对缺乏的阶段，这种矛盾非常尖锐。随着物质利用手段的改善和效能的提高，"需求"被不断的扩展和深化，相应产物随之呈现复杂化和多样化的特征，这种典型的"消费主义"的社会面貌，在现实社会逐渐获得公众的普遍认可。对于物质产物更甚于以往的追求，在推出更多产物的同时会消耗更甚于以往的能源与资源，原本就存在的社会矛盾更加凸显并从群体内部转化为群体与群体甚至是代际之间，如2009年在丹麦的哥本哈根召开的世界气候大会上，以美国为首的西方利益集团和发展中国家组成的77国集团的减碳之争就反映出，表面上的生态、环境问题，实质上是"过度消费"与"节约"之间的博弈，解决这种矛盾不仅要靠政府之间的政治博弈，而且应当以树立全社会适度、节约的消费原则、培植相应的消费方式作为中心展开。现实来看，可以对应为以下一些举措：

（1）辩证看待产品外观的悦目性

在当前，通过对低质产品进行高档化视觉效果处理而获得高额利润的做法，正从以往的平面设计快速发展到包括产品、环境在内的整个设计领域，致使"追求表面效果"成为公众对于"设计"的普遍认识，越来越多的产物仅以"视觉悦目性"而非对于现实生活的实质化改善立身行事，从过度包装的节令性食品，到以次充好的家具，大量出现的这类产物使我们感到触目惊心，并反映出现实社会以物质的享有为表征，一定程度地实现了人际平等的目标。但由于其对于"个人/享受"的提倡超越了"群体"的范畴，使实践失去了"个人/群体"辩证关系的制约而趋于异化。

对于产品而言，外观的悦目理应是一个重要的标准，对于这个部分的把握应当体现适度有效的原则，否则再好的设计初衷都不可能得到公众的认可。如基于开发新材料的考虑，而选择"混凝土帆布"来制造坐凳，这种材料是混凝土和纤维布相结合的产物，防水、防火且重量较轻，然而从视觉的悦目性来看，利用这种材料所做的凳子却并不符合这一点，这类情况在应用一些废旧材料制作的"零碳"设计的案例中也较为普遍的存在。但是，与之相反的情况也并不少见，如同属于"零碳"设计的范畴，利用纸张、废旧毛毯来制造提包、手包的设计，就非常成功，无论是材料、形态、功能的任何一个环节都经得起推敲；而利用废旧的唱片进行钟表设计的例子同样出色，的确体现出了设计变废为宝、变旧为新的魅力。这种理性辩证的悦目性认识在当今为体现"减碳"理念所进行的设计中尤其需要具备。

（2）应用天然材料进行设计

这一举措包含着现实与以往设计的联系，体现着在设计实践的持续行进中不断反思之后的继承。应用木、藤、竹等天然的材料进行设计，是人类又一个优秀的设计传统，在设计的发展史中，这类天然材料的应用历史最久、时间跨度最大、涉及的范围最广，其中不乏典型性的例子，有藤质家具、竹质器皿以及大量应用的木质家具等。

此外，传统的应用原生态材料进行商品包装的做法构成了对于现实绿色包装设计的启发。由于包装材料完全取自自然，在其完成包装使命被废弃之后可以直接参与到自然系统的循环中，不会对自然产生任何不良影响，这种设计行为在人类社会较为漫长的发展过程中不断地存在与发展，不仅在客观上形成了中国特色的包装设计原理，而且影响到日本等国家——以天然的材料作为包装食品、日常器皿等人造产物的素材,这种做法不仅应用在商业销售中,而且深入民间,成为公众惯常使用的物品包装方法。古与今这类设计之间的联系充分的体现出了设计实践的良性发展状态,见证了这种思辨的延续性,同时构成了我们对于未来设计进行美好憧憬的理由。

（3）倡导节约的理念

这一举措主要针对以下几点:首先,能源及淡水资源的节约。如基于节水的考虑,在家用卫生设施的设计中,通过"供水-排水"管线的设计,将盥洗用水和洁厕用水合而为一的设计;又如各类节能灯具的开发、应用。它们都反映了兼顾现实和长远考虑而展开的具有伦理细化实质的设计所具有的现实可行性。其次,反映在产物对于生活空间的节约方面。通过开发、强化产物的伸缩功能,而使相同的空间体量发挥最大效能。如"收放自如"的水果盘。再次,体现对于材料的节约,在保证功能实现的前提下,使用尽可能少的材料来制造,如一个并不起眼的柠檬汁取汁器。这类设计总体上都是通过外观造型的简约、材料的耐久、加工技术的精良、使用功能的高效、产品整体或大部分在使用的终极可回收再利用等考虑来体现具体设计的节约,这些内容综合起来就很直观的传递出设计产物在设计伦理细化的推动下所能达到的状态。对于这类设计可以进行更为细致的系统归类,以启发现实的设计实践。

（4）培养循环使用的认知

循环使用作为一种非常具有伦理内涵的理念,在现实的推广中仍然需要通过一些具体环节来完成:

首先,在设计师群体中展开。现实的设计师群体并没有对于产物的再利用投入高度的关注,这不仅反映在对于现有产物的改造方面缺少热情,而且体现在针对新产品的设计开发方面,并没有真正将"可持续"的概念进行深入、细致的延展。现实的提及"可持续"性,往往是在材料的应用方面,如可回收、可降解等,而较少涉及形态方面,如一旦现行产品被闲置、废弃,将能够以何种新产品、新功能来延长它广义的使用价值?因为以系统科学观来审视设计,每个具体的实例都应当是兼具广义与狭义双重的使用寿命,我们一般提及的因设计产物的使用寿命终结而需要进行废弃、回收,都指的是狭义的产品寿命。而从广义的使用寿命来讲,全新创制的产物与需要废弃回收再利用的产物,以及已经通过再次设计、加工而再次为人所用的产物,并没有本质上的差异,不过是其进入人类现实生活中,在不同阶段所具有的特定样态而已。这种认识的形成,可以最大限度地影响到设计师群体的设计实践,并进而可以通过现实产物的设计、制造、推广为整个社会所认知和认同。

其次,是对公众群体的引导。由于缺失来自设计环节的引导,在现实中,公众对于这种具有宏观系统性的"环境良性化-物质循环"的对应关系缺少直观的认识,仅以"现实生活的优质化"作为标准来经营现实的生活,凡是貌似与此无关或关系不够紧密的内容都不在其考虑的范畴。过分现实化的内心状态,使得有关"回收再利用"之类的可持续发展思想较难以自发地从公众心目中产生,而必须借助政策、舆论,尤其是具体的设计产物的共同作用来实现此类认知的公众化普及。如此,才会因为"产物-生活"之间的密切对应而发挥出效能。

8.4 可持续发展目标下的可持续绿色设计

2015 年 9 月，联合国可持续发展峰会正式通过《变革我们的世界：2030 年可持续发展议程》，该议程规划了"千年发展目标"于 2015 年到期后的接下来的 15 年世界可持续发展的方向和路径。如图 8-5 所示，2030 年可持续发展目标设定包含 169 个具体目标的 17 个方面的总体目标，这些总体目标包括：无贫穷、零饥饿、良好健康与福祉、优质教育、性别平等、清洁饮水和卫生设施、经济适用的清洁能源、体面工作和经济增长、产业创新和基础设施、减少不平等、可持续城市和社区、负责任消费和生产、气候行动、水下生物、陆地生物、和平正义与强大机构、促进目标实现的伙伴关系。涉及经济、社会和环境发展的方方面面，是一个史无前例的、充满雄心的全球发展议程。

图 8-5 2030 年可持续发展目标

该议程的最为核心的目标是，成员国一致决定，在一代人的时间内，以各种形式消除贫困和饥饿，这样宏伟的目标在人类历史上还是第一次。如此规模和高度的议程必然要求全球范围内各国的通力合作，从而才能真正保证其有效实施。所谓通力合作，不仅是指各国政府的有效沟通与合作，还需要充分动员全球各地的私营部门、民间组织以及所有能够调动的积极因素或力量参与到联合国系统与各国政府的行动中来。

2020 年 11 月，《求是》杂志刊发习近平总书记重要文章《国家中长期经济社会发展战略若干重大问题》，强调"实现人与自然和谐共生"和"生态文明这个旗帜必须高扬"的重要原则，倡导生态文明建设和社会经济文化协调发展的系统生态观，在"新的发展阶段、新的发展理念、新的发展格局"阶段，对我国生态体系建设有了明确而具体的部署。面对"十四五"时期"生态文明建设实现新进步"的短期目标以及2030年实现"碳达峰"和2060年实现"碳中和"的中长期目标，我国亟须优化产业和能源结构，推动经济发展模式转型，将生态文明建设融入经济、政治、文化和社会建设的各方面和全过程，实现人与自然和谐共生的新格局。

在此过程中，设计如何参与？目前创意设计基本服务于现代服务业，过度追逐城市集群的消费经济，缺少面向资源开发利用、能源结构调整、生态经济转型的系统集成设计参与。尤其是在传统资源依赖型产业（矿产、海洋、林草等）领域，设计的参与程度极为有限，缺乏可持续发展的规划、技术与设计服务整合，于是，"可持续绿色设计"逐渐获得社会关注和广泛共识，成为当今设计界的主流话语之一，在资源整合、关联协同、流程优化和系统评估等方面发挥着重要的作用。因此，湖南大学季铁教授预计，在"三新"阶段，我国可持续绿色设计主要任务将包括以下几方面：

（1）面向能源结构调整的生态系统创新设计

在"碳达峰"和"碳中和"的目标压力下，我国亟须转变能源结构，加快实现从"煤炭驱动"转向"新能源驱动"的跨越。以生态资源重构为目标，开展用能服务系统的智能化、可视化、人性化的系统规划组织，形成能效比高，可持续、可复制、可操作的生态设计工作方法和实践模式，提高资源整合能力、风险管控能力和融合发展能力，实现"开发中保护、保护中发展"的辩证应用，推动一二三产的有机融合和可持续发展。

（2）面向后疫情时代集聚空间的绿色协同设计

"以人为本"是可持续绿色设计的基本原则，人文发展是生态文明的终极目的。在后疫情时代，面向人民生命健康的工业化基地、文旅综合体、公共文化空间、地方交通枢纽等集聚空间的建设正在逐步加快，在此过程中出现了产地投入与能耗高、功能定位单一、业态融合创新乏力等问题。结合地域文化、用户行为和生活方式研究，重新思考人与建筑、交通、自然等场景之间的复杂关系，通过土地管理设计、交通流动设计、商业与共享创新、融媒体与信息集成、环保与应急机制保障等"绿色协同"的方法来优化"生态、空间、信息、服务"的整合，打造具有创新性和地域文化特征的生态经济项目，构建能够满足多方需求的服务体系和行业标准，营造人文与自然协调发展的和谐人文生态空间。

（3）面向消费模式转型的可持续产品与服务系统

除了转变能源结构之外，从"高度依赖固定资产投资驱动"到双循环驱动的高质量"共享消费与服务"经济发展模式转型也是降低我国碳排放量的一个重要途径。在产品开发层面，无论是农业产品、工业产品或服务产品，都需要在生产、销售、使用、回收、处理的产品全生命周期中贯彻可持续设计的理念和方法，以实现降低能耗、循环降解、节能环保的生态目标。在业态创新层面，亟须积极开发新的共享服务模式和新消费业态，以不同行业的绿色设计标准均衡考虑经济发展、环境保护、社会发展的问题，推动新能源汽车、共享经济、文旅融合等绿色业态的可持续发展，尽量减少资源浪费和环境压力，保障个人消费需求的持续满足，输出能满足人、社区和城市生态智慧化发展需求的产品与服务系统。

综上所述，面向 2035 年生态文明建设与可持续发展要求，在"能源生态系统—绿色协同—可持续设计"的设计参与路径中，自然生态、资源开发、人文体验、设计标准、产品服务系统、消费模式之间的辩证关系被不断重构，通过"以点带面"的多元化微循环，能够构成面向未来的可持续解决方案。

作 业

1. 请谈一谈你对工业产品设计中伦理原则的理解。

2. 用可持续设计的思维来审视你的图书馆自助借阅机设计方案，有没有需要改进的地方？

参考文献

陈浩，高筠，肖金花，2005. 语意的传达 产品设计符号理论与方法［M］. 北京：中国建筑
　　工业出版社.

陈圻，2007. 中国式蓝海战略：产品功能创新战略及其竞争力评价［M］. 北京：科学出版社.

程能林，何人可，2018. 工业设计概论［M］. 4 版. 北京：机械工业出版社.

代尔夫特理工大学工业设计工程学院，2014. 设计方法与策略：代尔夫特设计指南［M］.
　　倪裕伟，译. 武汉：华中科技大学出版社.

高兴，2012. 设计伦理研究［D］. 无锡：江南大学.

郭惠尧，崔晓飞，2009. 产品设计基础［M］. 长沙：湖南大学出版社.

季铁，2021. "生态设计"栏目开栏语［J］. 生态经济，37(5)：214.

姜松荣，2013. 设计的伦理原则［M］. 长沙：湖南师范大学出版社.

李程，2017. 产品设计方法与案例解析［M］. 北京：北京理工大学出版社.

李锋，吴丹，李飞，2005. 从构成走向产品设计——产品基础形态设计［M］. 北京：中国
　　建筑工业出版社.

李想，2018. 工业产品设计中的视觉动力［M］. 2 版. 北京：人民邮电出版社.

刘宝顺，2009. 产品结构设计［M］. 北京：中国建筑工业出版社.

刘永翔，2019. 产品设计［M］. 北京：机械工业出版社.

深泽直人，2016. 深泽直人［M］. 路意，译. 杭州：浙江人民出版社.

孙宁娜，董佳丽，2009. 仿生设计［M］. 长沙：湖南大学出版社.

王建华，刘春媛，2014. 产品设计基础［M］. 北京：电子工业出版社.

王丽霞，2015. 产品外观结构设计与实践(附光盘)［M］. 杭州：浙江大学出版社.

温为才，陈振益，苏柏霖，2015. 产品造型设计的源点与突破［M］. 北京：电子工业出版社.

薛澄岐，裴文开，钱志峰，2018. 工业设计基础［M］. 3 版. 南京：东南大学出版社.

尹欢，2015. 产品色彩设计与分析［M］. 北京：国防工业出版社.

英国费顿出版社，2019. 设计之书［M］. 长沙：湖南美术出版社.

张君丽，2014. 产品设计基础［M］. 北京：北京大学出版社.

张凌浩，2011. 符号学产品设计方法［M］. 北京：中国建筑工业出版社.

张明，2016. 从"中国样式"到"中国方式"［D］. 南京：南京艺术学院.

张宇泓，苏凯，2014. 产品色彩设计[M]. 长春：吉林美术出版社.

周博，2008. 行动的乌托邦[D]. 北京：中央美术学院.

〔美〕拜厄斯，2000. 世纪经典工业设计[M]. 谢大康，译. 北京：中国轻工业出版社.

〔瑞士〕哥海德·休弗雷，李亦文，2006. 北欧设计学院工业设计基础教程[M]. 广西：广西美术出版社.

〔英〕保罗·罗杰斯，〔英〕亚历克斯·米尔顿，2013. 国际产品设计经典教程[M]. 陈苏宁，译. 北京：中国青年出版社.

〔英〕克里斯·莱夫特瑞，2017. 设计师的设计材料书[M]. 武艳芳，王军锋，罗移峰，译. 北京：电子工业出版社.

EMMA，2021. iF 世界设计指南. 青年设计力量的可持续发展方案——2021，iF 设计新秀奖第一学期榜单揭晓(Ⅱ)[J]. 设计，34(18)：12-24.